U0396801

广西国家重点保护野生植物

（农业卷）

刘 演　黄云峰　彭定人　许为斌 ◎ 主编

广西壮族自治区农业生态与资源保护站
广西壮族自治区中国科学院广西植物研究所

广西科学技术出版社
·南宁·

图书在版编目（CIP）数据

广西国家重点保护野生植物.农业卷 / 刘演等主编 .—南宁：
广西科学技术出版社，2023.12
ISBN 978-7-5551-2089-6

Ⅰ.①广… Ⅱ.①刘… Ⅲ.①农业－野生植物－介绍－
广西 Ⅳ.① Q948.567

中国国家版本馆 CIP 数据核字（2023）第 225847 号

广西国家重点保护野生植物（农业卷）

刘　演　黄云峰　彭定人　许为斌　主编

责任编辑：黎志海　张　珂　　　　　　　封面设计：韦娇林
责任印制：韦文印　　　　　　　　　　　责任校对：苏深灿

出 版 人：梁　志
出版发行：广西科学技术出版社　　　　　社　　　址：广西南宁市东葛路 66 号
网　　址：http://www.gxkjs.com　　　　 邮政编码：530023

经　　销：全国各地新华书店
印　　刷：广西民族印刷包装集团有限公司

开　　本：889 mm × 1240 mm　1/16
字　　数：510 千字　　　　　　　　　　印　　张：18.25
版　　次：2023 年 12 月第 1 版　　　　　印　　次：2023 年 12 月第 1 次印刷
书　　号：ISBN 978-7-5551-2089-6
定　　价：180.00 元

版权所有　侵权必究

质量服务承诺：如发现缺页、错页、倒装等印装质量问题，可直接向本社调换。

《广西国家重点保护野生植物（农业卷）》
编 委 会

顾　问：李如平

主　任：莫宗标

副主任：黄裕志　李克敌　何金富　刘常伍

主　编：刘　演　黄云峰　彭定人　许为斌

副主编：黄俞淞　覃永华　梁士楚　覃　营

委　员（按姓氏音序排列）：

陈海玲　邓崇岭　丁　涛　胡仁传

黄德青　蒋日红　蒋裕良　李美贤

李新伟　李秀玲　梁永延　梁云涛

林春蕊　刘世勇　陆秋艳　陆昭岑

马虎生　蒙　涛　牟光福　农东新

农素芸　庞月兰　苏　敏　王明召

吴　双　吴望辉　余丽莹　邹春玉

主　审：谭伟福　和太平

前　言

2021 年 9 月 7 日，经国务院批准，国家林业和草原局、农业农村部联合发布了调整后的《国家重点保护野生植物名录》（国家林业和草原局、农业农村部公告 2021 年第 15 号），455 种和 40 类野生植物被列入名录，其中，归口农业农村主管部门分工管理 131 种和 15 类，标志着全国重点保护野生植物资源调查评估及保护工作进入了全面推进和深入开展的新阶段。

2021 年 11 月，广西壮族自治区农业农村厅组织植物学、保护生物学等领域的专家召开研讨会，对农业农村主管部门管理的国家重点保护野生植物在广西的分布及保护等情况进行了充分研讨，确认广西有野生种群且归口广西农业农村主管部门管理的国家重点保护野生植物为 98 种（含种下等级）。

为加强广西野生植物资源保护，满足资源管理及宣传等工作需要，广西壮族自治区农业农村厅决定立项编写《广西国家重点保护野生植物（农业卷）》。在广西壮族自治区农业生态与资源保护站组织下，本书的编研工作于 2022 年 8 月正式启动。编研团队除开展细致的文献、标本资料研究外，还补充开展必要的野外调查，获得了目标物种更多、更翔实的资料。截至 2023 年 10 月，归口广西农业农村主管部门管理的国家重点保护野生植物增至 109 种。

《广西国家重点保护野生植物（农业卷）》收录物种 109 种，每个物种均介绍其所属的中文名（部分附别名）、学名、保护等级及所隶属的科、属，物种形态特征、地理分布、生境特点、资源现状、濒危原因、保护价值、保护措施等，并配以展示物种生境、群落、单株、花、果实等照片。全书吸纳了植物资源调查评估以及植物系统分类学、保护生物学等学科研究的最新成果，物种鉴定准确，图文并茂，将为广西农业农村系统开展野生植物日常管理、调查评估、濒危机制研究、抢救性保护以及加强宣传教育、提高公众的保护意识和司法实践等提供重要的基础资料。

《广西国家重点保护野生植物（农业卷）》的编研是以广西植物研究所为技术依托单位，联合广西中医药研究院、广西林业勘测设计院、广西师范大学、广西农业科学院、广西特色作物研究院、广西茶叶科学研究所、广西林业科学研究院、广西药用植物园等单位共同完成。编研过程中，覃海宁、杨庆文、翟俊文、纪运恒、杨世雄、李治中、金效华、于胜祥、武建勇、苏钛、蒋宏、王华新、张自斌、张波、赵立宁、邓朝义、陈炳华等专家协助审核照片并对书稿提出宝贵的修改意见，谭运洪、王炳谋、郭永杰、王东、赖碧丹、陆辉武、张近扬、刘世隆、孙刚、李雄、刘晟源、梁霁鹏、邓振海、罗柳娟、周丕宁、吕惠珍、黄雪彦、彭玉德、张滨、覃国华、袁浪兴、王绍能、张艳成、杨平、莫水松、杨金财、叶晓霞、吴磊、刘静、胡仁传、黄歆怡、李述万、韩孟奇、李健玲、苏钰岚、刘志荣、黄雪奎、农时越、谢高、黄雪玉、苏春兰、刘金容、梁津慧、黄菊华、王合、王华宇、陆仕念等提供精美照片，朱运喜绘制精细图版，在此谨致以衷心感谢！

广西农业农村主管部门管理的国家重点保护野生植物种类多，但部分物种野外居群偏少，分类鉴定困难，尤其水蕨属（*Ceratopteris*）、水韭属（*Isoëtes*）、水车前属（*Ottelia*）及川苔草科（Podostemaceae）等类群同属物种形态相似且普遍存在隐存种，相关调查、研究均有待深入，编研工作仍可能出现疏漏甚至错误，敬请同行、专家和读者批评指正。

编著者

2023 年 10 月

目　录

概述

一、《国家重点保护野生植物名录》的制定和发布

野生植物是自然生态系统的重要组成部分，是人类生存和社会发展的重要物质基础，也是国家重要的战略资源。由于生境退化和丧失、人为过度开发利用等诸多因素，我国野生植物受威胁的程度较高。保护野生植物资源，尤其保护包含众多濒危物种的国家重点保护野生植物，是当前生物多样性保护的重中之重。

《中华人民共和国野生植物保护条例》（以下简称《野生植物保护条例》）规定："国家重点保护野生植物名录，由国务院林业行政主管部门、农业行政主管部门商国务院环境保护、建设等有关部门制定，报国务院批准公布。"1999 年，经国务院批准，国家林业局和农业部共同发布了《国家重点保护野生植物名录》（第一批）[以下简称《名录》（第一批）]，作为《野生植物保护条例》的配套文件，为依法强化保护、打击乱采滥挖及非法交易野生植物、提高公众保护意识等奠定了基础，极大地推动了我国植物多样性的保护工作。

自《名录》（第一批）发布以来，我国野生植物保护形势发生了很大变化，部分濒危物种得到有效保护，濒危程度得以缓解，而部分物种因生境遭到破坏和过度利用等，濒危程度加剧，迫切需要对该名录进行调整。为此，国家林业和草原局、农业农村部于 2018 年启动《名录》（第一批）调整，经科学研讨、评估论证和上报审批，调整后的《国家重点保护野生植物名录》（2021 版）[以下简称《名录》（2021 版）]于 2021 年 9 月 7 日经国务院批准发布。

金毛狗 *Cibotium barometz*

二、《国家重点保护野生植物名录》（2021 版）收录物种的基本原则

《名录》（2021 版）主要依据我国珍稀濒危植物的濒危状况及其经济、文化、科研、生态价值等方面最新的综合评估结果遴选物种，并经征求意见、专家论证和上报审批等程序后正式发布。物种遴选和收录遵循以下基本原则：

（1）数量极少、分布范围极窄的极度濒危和珍稀濒危物种，如松科（Pinaceae）元宝山冷杉（*Abies yuanbaoshanensis*）、兰科（Orchidaceae）暖地杓兰（*Cypripedium subtropicum*）等。

（2）重要作物的野生种群和有重要遗传价值的近缘种，如豆科（Fabaceae）野大豆（*Glycine soja*）、蓼科（Polygonaceae）金荞麦（*Fagopyrum dibotrys*）等。

（3）有重要经济价值，因过度开发利用导致资源急剧减少、生存受到威胁或严重威胁的物种，如兰科石斛属（*Dendrobium* spp.）、五加科（Araliaceae）人参属（*Panax* spp.）等。

（4）在维持（特殊）生态系统功能中具有重要作用的珍稀濒危物种，如龙脑香科（Dipterocarpaceae）望天树（*Parashorea chinensis*）、水鳖科（Hydrocharitaceae）水车前属（*Ottelia* spp.）等。

（5）在传统文化及科研中具有重要作用的珍稀濒危物种，如兰科兰属（*Cymbidium* spp.）等。

元宝山冷杉 *Abies yuanbaoshanensis*

锈毛苏铁 *Cycas ferruginea*

华南五针松 *Pinus kwangtungensis*

除具上述特殊属性的物种外，其他濒危状况得到控制、持续转好或解除则是物种降低保护等级或移出保护名录的前提条件。

根据上述原则和标准选入的野生植物种（类），按其濒危和稀有程度以及价值分为国家一级保护和国家二级保护两个等级。其中，具有重大经济、科学及生态学和文化价值，野外居群生存受到严重威胁而有灭绝危险，居群数量稀少、分布区狭窄以及中国特有种列为国家一级保护野生植物，如文山红柱兰（*Cymbidium wenshanense*）及苏铁属（*Cycas* spp.）、水韭属（*Isoëtes* spp.）、红豆杉属（*Taxus* spp.）等，其他则列为国家二级保护野生植物，如重楼属（*Paris* spp.）等。

南方红豆杉 *Taxus wallichiana* var. *mairei*

云南穗花杉 *Amentotaxus yunnanensis*

三、《国家重点保护野生植物名录》（2021版）的物种门类和等级

调整后的《名录》（2021版）包括真菌类、藻类、苔藓植物、石松类和蕨类植物、裸子植物、被子植物，共计455种和40类，约1100种。其中国家一级保护野生植物54种和4类，国家二级保护野生植物401种和36类；归口林业和草原主管部门分工管理324种和25类，农业农村主管部门分工管理131种和15类，主要涉及水生植物、重要作物野生近缘种以及其他具有重要经济价值物种，如药用植物、观赏花卉等。

（1）苔藓植物5种，均为二级保护；首次有苔藓植物被列入国家保护名录。

（2）石松类和蕨类植物8种和7类，约106种，其中水韭属及荷叶铁线蕨（*Adiantum nelumboides*）和光叶蕨（*Cystopteris chinensis*）等为一级保护，其余为二级保护。

（3）裸子植物35种和7类，约107种，其中银杏（*Ginkgo biloba*）、水松（*Glyptostrobus pensilis*）、毛枝五针松（*Pinus wangii*）、银杉（*Cathaya argyrophylla*）、元宝山冷杉等14种（含变种）和红豆杉属、苏铁属等2类为一级保护，其余为二级保护。

（4）被子植物（科、属按照APG IV系统排列）397种和26类，约830种，其中焕镛木（*Woonyoungia septentrionalis*）、峨眉拟单性木兰（*Parakmeria omeiensis*）、文山红柱兰、暖地杓兰等36种和1类［即除带叶兜兰（*Paphiopedilum hirsutissimum*）和硬叶兜兰（*P. micranthum*）外的兜兰属植物］为一级保护，其余为二级保护。

狭叶坡垒 *Hopea chinensis*

（5）真菌类和藻类共 10 种，其中珍珠麒麟菜（*Eucheuma okamurai*）和发菜（*Nostoc flagelliforme*）为一级保护，其余为二级保护。

与《名录》（第一批）相比，《名录》（2021 版）主要有三点变化：一是调整了 18 种野生植物的保护级别；二是新增野生植物 268 种和 32 类；三是删除了 35 种野生植物。因分布广、数量多、居群稳定、分类地位改变等原因，3 种国家一级保护野生植物、32 种国家二级保护野生植物不列入《名录》（2021 版）。

暖地杓兰 *Cypripedium subtropicum*

麻栗坡蝴蝶兰 *Phalaenopsis malipoensis*

四、广西分布的国家重点保护野生植物

2021 年 11 月，广西壮族自治区林业局、广西壮族自治区农业农村厅组织植物学、保护生物学等相关领域专家根据《名录》（2021 版）对广西境内分布的国家重点保护野生植物进行逐一"认领"、论证、确认，并于同年 12 月发布了《广西分布的国家重点保护野生植物名录》（以下简称《广西名录》）。《广西名录》共收录野生植物 332 种（含种下等级，下同），其中苔藓植物 1 种，石松类和蕨类植物 44 种，裸子植物 31 种，被子植物 255 种，真菌类 1 种。按保护级别划分，国家一级保护野生植物 33 种，二级保护野生植物 299 种。按归口管理部门划分，归林业和草原主管部门分管的有 234 种，归农业农村主管部门分管的有 98 种。

《广西名录》吸纳了广西历次野生植物资源调查的成果，参考了最新的分类学、系统学研究资料，并对整个属或整个组以类列入《名录》（2021 版）的类群明确到具体的种（或亚种、变种、变型）；对分类地位存疑、未见可靠标本记录、凭证标本鉴定错误、经证实系栽培、原记载所有分布点经多次调查而未见的种类，则暂作存疑物种而不收录。但在司法实践中，凡列入《名录》（2021 版）的种类（包括新类群、新记录类群）均应视为国家重点保护野生植物，《广西名录》收录与否都不影响其国家重点保护野生植物的地位。

肥荚红豆 *Ormosia fordiana*

广西火桐 *Firmiana kwangsiensis*

2022 年 8 月，《广西国家重点保护野生植物（农业卷）》编研工作启动。编研团队除继续开展细致的文献、标本资料研究外，还补充开展必要的调查，获得了目标物种更多、更翔实的资料。截至 2023 年 10 月，归口广西农业农村主管部门分管物种由 98 种增至 109 种，其中因采纳了将非传统石斛植物的原金石斛属（*Flickingeria* spp.）、厚唇兰属（*Epigeneium* spp.）并入石斛属的分类处理观点，由此增加了 7 个物种。对于金效华等主编并于 2023 年 6 月出版的《国家重点保护野生植物》中提及广西有

小八角莲 *Dysosma difformis*

分布的物种，包括芸香科（Rutaceae）的山橘（*Fortunella hindsii*），禾本科（Poaceae）的疣粒野生稻（*Oryza meyeriana*），豆科的短绒野大豆（*Glycine tomentella*），兰科的景东厚唇兰（*Dendrobium fuscescens*）、喇叭唇石斛（*D. lituiflorum*）、流苏金石斛（*D. plicatile*），以及栽培历史悠久的五加科的三七（*Panax notoginseng*）、莲科（Nelumbonaceae）的莲（*Nelumbo nucifera*）等，编研团队认为，这些物种在广西是否有野生居群仍有待考究，因而暂不收录。水鳖科中原鉴定为贵州水车前（*Ottelia balansae*）的植物后被发表为凤山水车前（*O. fengshanensis*），故广西实无贵州水车前这一物种分布；而产于广西贵港的出水水菜花（*O. emersa*）则按并入水菜花（*O. cordata*）的分类处理观点予以收录。

土沉香 *Aquilaria sinensis*

五、国家重点保护野生植物的管理

近 40 年来，最我国植物多样性保护取得了巨大成就，制定和颁布实施了《野生植物保护条例》《中华人民共和国森林法》《中华人民共和国种子法》《风景名胜区条例》《林木种质资源管理办法》《农作物种质资源管理办法》等法律、法规和部门规章，为我国珍稀濒危植物就地保护、迁地保护确定了基本的法律框架。《濒危野生动植物种国际贸易公约》（CITES）、《保护世界文化和自然遗产公约》（WHC）、《生物多样性公约》（CBD）等国际公约则组成了我国生物多样性保护的国际合作机制，部分公约的内容已和我国法律或政策衔接。

《野生植物保护条例》和《国家重点保护野生植物名录》为野生植物建立了开发利用管理制度，涵盖名录管理、资源调查、采集证、出售及收购管理、进出口管理制度等方面。《野生植物保护条例》规定：禁止采集国家一级保护野生植物，因科学研究、人工培育、文化交流等特殊需要而采集的，应当按照管理权限向主管部门或者其授权的机构申请采集证；采集国家二级保护野生植物应向省级主管部门或者其授权的机构申请采集证。各级主管部门应正确引导需求以免过度采集和消耗资源。

白花兜兰 *Paphiopedilum emersonii*

硬叶兜兰 *Paphiopedilum micranthum*

对危害国家重点保护野生植物的违法犯罪行为，在定罪量刑标准方面也已进一步明确。2023 年 8 月 14 日，最高人民法院在全国人大常委会法制工作委员会、最高人民检察院、公安部、农业农村部、国家林业和草原局等有关部门的大力支持下，发布了《最高人民法院关于审理破坏森林资源刑事案件适用法律若干问题的解释》（2023 年 6 月 19 日最高人民法院审判委员会第 1891 次会议通过，自 2023 年 8 月 15 日起施行，以下简称《解释》）。

根据《中华人民共和国刑法》第三百四十四条的规定，犯危害国家重点保护植物罪的，处 3 年以下有期徒刑、拘役或者管制，并处罚金；情节严重的，处 3 年以上 7 年以下有期徒刑，并处罚金。《解释》第二条规定区分保护级别，按照立木蓄积量、株数及价值，对危害国家重点保护野生植物的定罪量刑标准分别作出规定。根据《解释》规定，危害国家一级保护野生植物 1 株以上或者立木蓄积 1 立方米以上，或者危害国家二级保护野生植物 2 株以上或者立木蓄积 2 立方米以上的，即构成危害国家重点保护植物罪；数量达到上述标准 5 倍以上的，升档量刑。

生态兴则文明兴。野生植物保护工作在生态文明建设中意义重大，任重道远，应进一步加强对国家重点保护野生植物的就地保护、迁地保护工作，完善相关法律法规制度，强化科学支撑，并加强宣传教育，鼓励全社会共同参与野生植物保护。

紫纹兜兰 *Paphiopedilum purpuratum*

海伦兜兰 *Paphiopedilum helenae*

物种分述

松口蘑 松茸、大花菌、松菌、剥皮菌

Tricholoma matsutake (S. Ito & S. Imai) Singer

国家二级保护

口蘑科 Tricholomataceae 口蘑属 *Tricholoma*

形态特征： 子实体单生、散生或群生。菌盖幼时呈圆球形，随着成熟逐渐变为扁半球形至近平展，直径可达 20 cm，外表面密被黄褐色至暗褐色纤维状鳞片。菌肉厚而致密、韧脆，白色，有特殊的清香气味；菌褶密，弯生，不等长，白色至奶油色。菌柄粗壮，上下近等粗，被深褐色至淡褐色鳞片，长 10~20 cm，直径 1.5~3 cm；菌环上位，膜质，内表面白色，外表面与菌柄同色。担子（25~30）μm ×（6~8）μm，棒状，4 孢。担孢子（6.5~7.5）μm ×（5.5~6.5）μm，宽椭圆形，无色，表面光滑，非淀粉质。无囊状体，无锁状联合。

地理分布： 产于乐业。

生境特点： 生于针叶林或针阔混交林下。与细叶云南松（*Pinus yunnanensis* var. *tenuifolia*）等松属植物形成外生菌根，在林下可形成蘑菇圈。

资源现状： 野生资源稀少且有逐年减少趋势。

濒危原因： 生境退化甚至丧失，人为过度采集。

保护价值： 珍稀名贵的天然食用、药用菌，具有极高的营养价值和药用价值。

保护措施： 加强就地保护，强化采集、收购和销售等环节监管；加大普法宣传力度，提高公众的保护意识。

中华水韭

Isoëtes sinensis Palmer

国家一级保护

水韭科 Isoëtaceae 水韭属 *Isoëtes*

形态特征： 多年生水生草本。植株高 20~30 cm。根状茎块状，肉质，下部生出多数须根。叶多数，线形，淡绿色，彼此覆瓦状密生于茎端，长 15~30 cm，宽 1~2 mm，叶内具纵向通气道并有多数加厚的横隔膜，基部变阔或成膜质鞘，腹面凹陷，其上生有叶舌；叶舌心形渐尖，厚，长约 2 mm，宽约 1.5 mm。孢子囊椭球形，生于叶基向轴面的凹陷处；大孢子囊生于外轮叶，大孢子白色，圆球形；小孢子囊生于内轮叶，小孢子灰色。

地理分布： 产于桂林市雁山、象山。

生境特点： 生于海拔约 180 m 的石灰岩地区水田或溪流中。

资源现状： 分布点极少，种群数量稀少。

濒危原因： 人为过度采挖，生境被破坏甚至丧失。

保护价值： 孑遗物种，对研究蕨类植物的系统演化具有重要价值；其对生境以及水质的要求较高，可作为环境指示植物。

保护措施： 加强就地保护和迁地保护；开展资源本底调查；加大普法宣传力度，提高公众的保护意识。

[注] 分子生物学研究表明，水韭属植物存在隐存种，我国学者近年也发表了多个形态比较相似的新种；桂林的水韭种群亦疑似新种，其名称现暂沿用中华水韭。

从桂林野外迁地保存的中华水韭（*I. sinensis*）

水蕨

Ceratopteris thalictroides (L.) Brongn.

国家二级保护

凤尾蕨科 Pteridaceae 水蕨属 *Ceratopteris*

形态特征：植株高 30~80 cm。根状茎短而直立。叶二型，无毛；营养叶的叶柄长 3~40 cm，绿色，圆柱形；叶片直立或幼时漂浮，狭长圆形，长 10~30 cm，宽 5~15 cm，二回至四回羽裂。孢子叶长圆形或卵状三角形，长 15~40 cm，宽 10~22 cm，二回至三回羽状深裂，具羽片 3~8 对；羽片互生，具柄。叶脉网状，无内藏小脉。孢子囊沿孢子叶裂片背面主脉两侧的网眼着生，幼时被连续不断的反卷叶缘覆盖，成熟后叶缘多少张开。

地理分布：产于广西各地。

生境特点：生于水田、水沟或池塘边的淤泥中，有时漂浮于深水区水面上。冬季进入休眠期，表现为叶片枯萎但根状茎仍存活。

资源现状：分布区域广，但种群数量有减少趋势。

濒危原因：人为过度采集利用，生境退化甚至丧失。

保护价值：民间常用草药，具有散瘀拔毒的功效；嫩叶可作蔬菜；株型美观，常用作园艺观叶植物；对研究蕨类植物的系统演化也具有重要价值。

保护措施：加强就地保护和迁地保护；加大普法宣传力度，提高公众的保护意识。

短萼黄连 鸡爪黄连

Coptis chinensis Franch. var. *brevisepala* W. T. Wang & Hsiao

国家二级保护

毛茛科 Ranunculaceae 黄连属 *Coptis*

形态特征：多年生草本。根状茎黄色，常分枝，多弯曲，密生须根。叶基生，有长柄，无毛；叶片稍带革质，宽达 10 cm，掌状 3 全裂，中央裂片菱状窄卵形，再羽状深裂，边缘有锐锯齿，侧生裂片不等侧 2 深裂。花葶 1~2 个，高 12~25 cm；顶生聚伞花序有 3~8 朵花；苞片披针形，羽状深裂；萼片黄绿色，平直，长约 6.5 mm，比花瓣长 1/3~1/5；花瓣线形或线状披针形，先端渐尖，腹面中央有蜜槽；雄蕊约 20 枚，花药长约 1 mm，花丝长 2~5 mm；心皮 8~12 个，花柱稍外弯。蓇葖长 6~8 mm。种子 7~8 粒，褐色。花期 2~3 月，果期 4~6 月。

地理分布：产于全州、龙胜、临桂、兴安、灌阳、资源、富川、钟山、靖西、恭城、融水、凌云、田林、金秀等地。

生境特点：生于海拔 600~1600 m 的沟谷林下阴湿地或溪涧岩隙中。

资源现状：分布区域较广，但种群小，资源量有减少趋势。

濒危原因：生境退化甚至丧失，人为过度采挖利用等。

保护价值：我国特有种，是民间常用中药。

保护措施：加强就地保护和迁地保护；加大普法宣传力度，提高公众的保护意识。

环江黄连

Coptis huanjiangensis L. Q. Huang, Q. J. Yuan & Y. H. Wang

国家二级保护

毛茛科 Ranunculaceae 黄连属 *Coptis*

形态特征：多年生草本。根状茎分枝，无匍匐茎。叶基生；叶柄长 15~40 cm，无毛；叶片卵状三角形，长 12~22 cm，宽 9~22 cm，3 裂，纸质至近革质，背面无毛，腹面脉上近无毛，基部心形，边缘具稀疏上翘的刺状毛；中裂片具 2.5~4 cm 长的柄，卵状菱形，长 11~18 cm，宽 7~14 cm，4~10 深裂，裂片疏生；末级裂片边缘锐锯齿状，先端锐尖或钝；侧裂片等于或稍短于中裂片，斜卵形，不相等的 2 裂。花葶 1 个至数个，直立，比叶长或短，高 20~32 cm，无毛，具槽。花序顶生，通常单歧聚伞状，有 5~10 朵花；花小，辐射对称，两性；苞片披针形，边缘多裂；萼片 5 枚或 6 枚，带绿色或红黄色，长椭圆形或披针形，长 5.5~9 mm，宽 1.8~3.5 mm，疏被微柔毛；花瓣匙形，长 2~5 mm，无毛，先端圆形至钝圆，长为萼片的 1/3~1/2；雄蕊多数，无毛，长 2~4 mm，外部的稍短于花瓣；雌蕊 8~14 枚，长 3~5 mm。蓇葖长 4.5~9 mm，具柄。种子椭球形，长 1~2 mm，棕色。花期 2~3 月。

地理分布：产于环江、融水（九万山）。

生境特点：生于海拔 800~1200 m 的山坡或沟谷林下。

资源现状：种群分布区域狭窄，资源量少。

濒危原因：人为过度采挖利用，物种自身对生境的要求严格等。

保护价值：广西特有种，也是民间常用中药。

保护措施：加强就地保护和迁地保护；加大普法宣传力度，提高公众的保护意识。

福建飞瀑草

Cladopus fukienensis (H. C. Chao) H. C. Chao

国家二级保护

川苔草科 Podostemaceae 川苔草属 *Cladopus*

形态特征：水生小草本。根狭窄，扁平，背腹式，肉质，深绿色，多回羽状分支，宽 0.6~1.3 mm，通常约 1 mm。茎短，着生于根分枝的胶状体上，互生；能育枝倒塔形，高 3.5~6 mm，通常约 5 mm。生于不育枝上的叶为线形，排成莲座状，开花时脱落；生于能育枝上的叶为掌状，中部具 1 深裂，有 2~9 个指状裂片，2 列，对生，通常上部的掌状叶较大，向下的渐小。花两性，单生于能育枝顶端，幼时包藏于暗红色的佛焰状联合苞片内，有短梗；花瓣小，2 枚，薄膜质，线形；雄蕊 1 枚，花药椭球形，2 室，无变异；子房卵形，绿色或带红色；柱头短，线形，红色。蒴果球形，直径 0.8~1.3 mm，表面光滑。

地理分布：产于融水。

生境特点：生于溪流中的岩石上。

资源现状：分布区域狭窄，种群规模小。

濒危原因：物种自身对生境尤其水质要求较高，对相关变化反应敏感，严重的水体污染事件，以及河流改道工程等引起水源枯竭，都可能导致种群消失。

保护价值：物种能直接反映生境好坏，可作为环境指示植物。

保护措施：加强就地保护；加大普法宣传力度，提高公众的保护意识。

川藻

Terniopsis sessilis H. C. Chao

国家二级保护

川苔草科 Podostemaceae 川藻属 *Terniopsis*

形态特征： 水生草本。根肉质，粉红色或紫红色，具羽状分支；吸器丝状，状如根毛。单叶；叶片扁平，无柄，边缘全缘，3 列，向外开展，长 0.5~1 mm，宽 0.4~0.5 mm。花小，两性，单生于茎基部第一片叶的腋内；苞片 2 枚，盔形，薄膜质，深紫色；花被 3 裂，紫色或紫绿色，略成覆瓦状排列，下部管状；雄蕊 2~3 枚；子房椭球形；柱头 3 裂，垫状。蒴果椭球形；种子多数，卵球形。

地理分布： 产于桂林（漓江）。

生境特点： 贴生于水底石上。

资源现状： 分布区区域狭窄，种群规模小。

濒危原因： 物种自身对生境尤其水质要求较高，对相关变化反应敏感，严重的水体污染事件，以及河流改道工程等引起的水源枯竭，都可能导致种群消失。

保护价值： 物种能直接反映生境好坏，可作为环境指示植物。

保护措施： 加强就地保护；加大普法宣传力度，提高公众的保护意识。

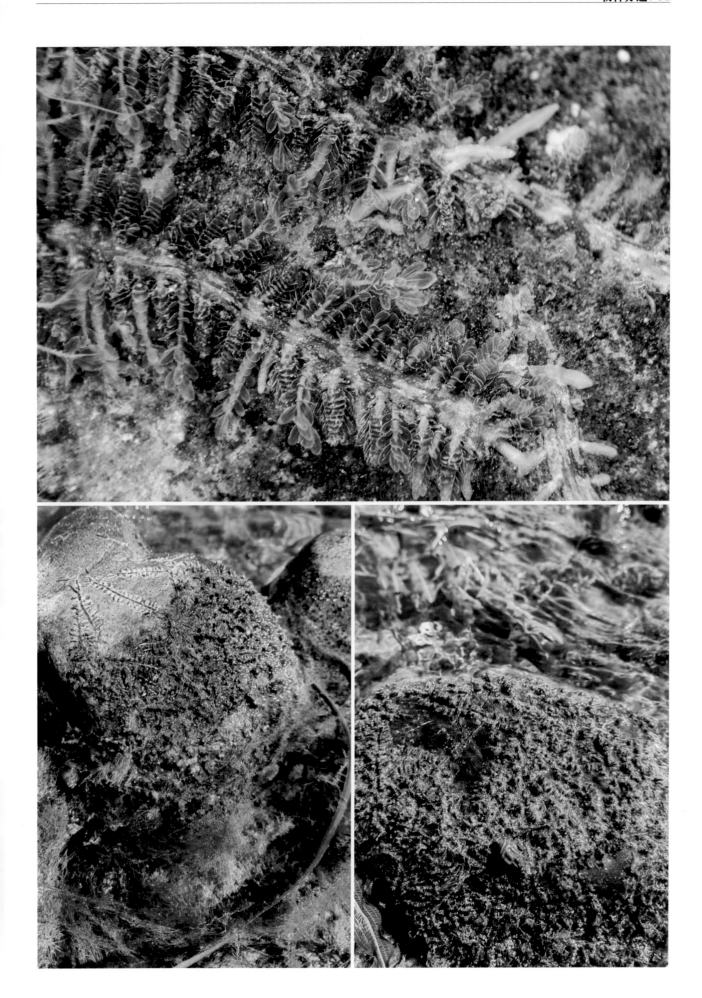

永泰川藻

Terniopsis yongtaiensis X. X. Su, Miao Zhang & B. Hua Chen

国家二级保护

川苔草科 Podostemaceae 川藻属 *Terniopsis*

形态特征：水生草本。根带状，扁圆形，沉于水中时呈深绿色，开花时或水浅时变为紫红色或砖红色。短枝上的叶椭圆形或宽卵形，3 列，近等长，结实时所有分枝及叶均枯萎。花两性，生于花枝基部；苞片 2 枚，薄膜质，粉红色或浅红色；花梗长约 1.5 mm；花被片浅裂，裂片 3 条，红紫色，半圆形；雄蕊 2 枚，花丝分离，基部着生于子房；子房卵球形，3 室；柱头 3 裂，垫状鸡冠形。蒴果具 9 棱，倒卵球形，熟时 3 裂。种子多数，卵球形。

地理分布：产于金秀、防城等地。

生境特点：贴生于溪流中岩石表面。

资源现状：分布区域狭窄，种群规模小。

濒危原因：物种自身对生境尤其水质要求较高，对相关变化反应敏感，严重的水体污染事件，以及河流改道工程等引起的水源枯竭，都可能导致种群消失。

保护价值：物种能直接反映生境好坏，可作为环境指示植物。

保护措施：加强就地保护；加大普法宣传力度，提高公众的保护意识。

水石衣

Hydrobryum griffithii (Wall. ex Griff.) Tulasne

国家二级保护

川苔草科 Podostemaceae 水石衣属 *Hydrobryum*

形态特征：多年生小草本。根呈叶状体状，外形似地衣。叶鳞片状，每 4~6 片一簇，2 列且覆瓦状排列，有时基部叶为长 3~6 mm 的丝状体或有时全为丝状体，每 2~6 条一簇，不规则散生于叶状体状根上。佛焰苞长约 2 mm；花被片 2 枚，线形，生于花丝基部两侧；雄蕊与子房近等长，花药长圆柱形；子房椭球形；花柱极短，柱头 2 个，楔形。蒴果椭球形，果瓣上有纤细的纵脉。花期 8~10 月，果期翌年 3~4 月。

地理分布：产于金秀。

生境特点：生于溪流中石头上。

资源现状：种群数量稀少且有下降趋势。

濒危原因：物种自身对生境尤其水质要求较高，对相关变化反应敏感，严重的水体污染事件，以及河流改道工程等引起的水源枯竭，都可能导致种群消失。

保护价值：物种能直接反映生境好坏，可作为环境指示植物。

保护措施：加强就地保护；加大普法宣传力度，提高公众的保护意识。

[注] 广西分布的水石衣属植物目前仅记载 1 种，即水石衣。该属可能与同科的川苔草属（*Cladopus*）、川藻属（*Terniopsis*）等类似，存在一些形态区别不明显而易混淆的物种，野外考察时值得关注，并结合分子生物学证据进行分类研究。

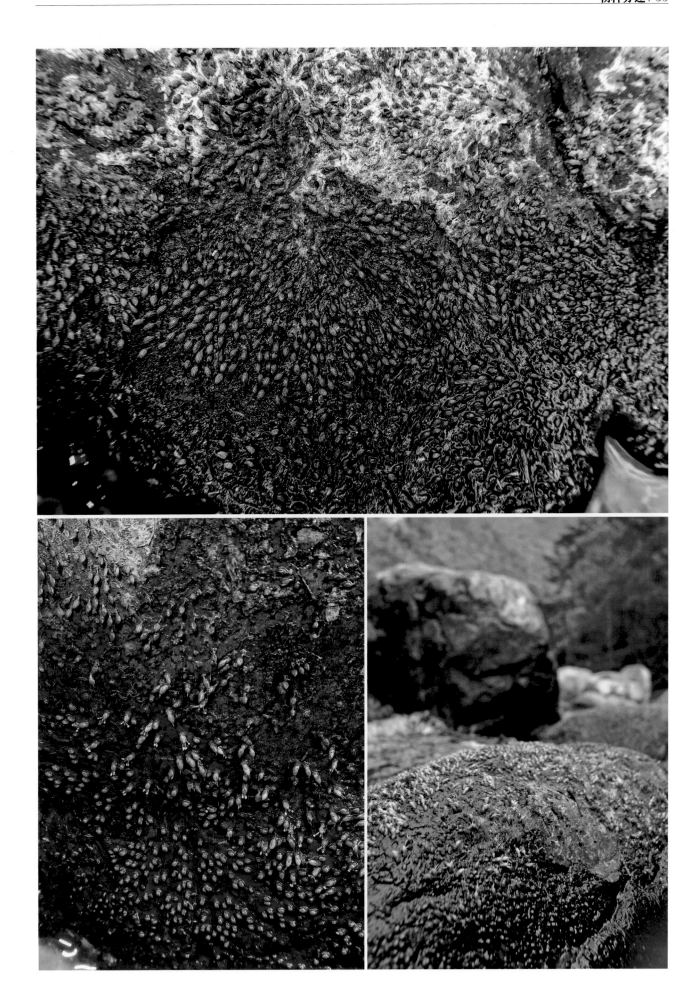

金荞麦 土荞麦、野荞麦、苦荞头、赤地利

Fagopyrum dibotrys (D. Don) H. Hara

国家二级保护

蓼科 Polygonaceae 荞麦属 *Fagopyrum*

形态特征： 多年生草本。根状茎木质化，黑褐色。茎直立，高 50~100 cm，分枝。叶片三角形，先端渐尖，基部近戟形，两面具乳头状突起或被柔毛；托叶鞘筒状，顶端截形。花序伞房状，顶生或腋生；花被 5 深裂，裂片白色，长椭圆形；雄蕊 8 枚，比花被短；花柱 3 枚，柱头头状。瘦果宽卵形，成熟时黑褐色，超出宿存花被 2~3 倍。花期 7~9 月，果期 8~10 月。

地理分布： 产于邕宁、临桂、兴安、龙胜、资源、平南、容县、凌云、金秀等地。

生境特点： 生于海拔 250 m 以上的山谷湿地、山坡灌丛中。

资源现状： 资源较丰富，分布较广。

濒危原因： 人为过度采挖，生境退化或丧失。

保护价值： 为粮食作物荞麦（*F. esculentum*）的野生近缘种，是重要的种质资源。植株地下部分可作饲料，根状茎供药用，具有清热解毒、排脓去瘀等功效。

保护措施： 加强就地保护，建立种质资源圃；加大普法宣传力度，提高公众的保护意识。

细果野菱 野菱、小果菱、四角马氏菱、四角刻叶菱

Trapa incisa Sieb. & Zucc.

国家二级保护

千屈菜科 Lythraceae 菱属 *Trapa*

形态特征：一年生浮水水生草本。叶二型；浮水叶互生，在水面形成莲座状菱盘，叶片较小，斜方形或三角状菱形，边缘中上部有缺刻状的锐锯齿，基部阔楔形，边缘全缘；叶柄中上部稍膨大，绿色无毛；沉水叶小，早落。花小，单生于叶腋；花白色或带微紫红色。果实为坚果状，三角锥形，无果冠。花期5~10月，果期7~11月。

地理分布：产于靖西、融安、融水及桂东、桂东南地区。

生境特点：生于水体流动缓慢的池塘，有时与其他浮水植物混生。

资源现状：种群规模小且有缩小趋势。

濒危原因：生境丧失；不合理捕捞，水生动物取食其幼苗，以及水体富营养化。

保护价值：果可食用；可指示生境水体的清洁状况；参与构成鱼类的栖息地和产卵地。

保护措施：加强就地保护，建立种质资源圃，扩大种群规模。

蛛网脉秋海棠

Begonia arachnoidea C. -I Peng, Yan Liu & S. M. Ku

国家二级保护

秋海棠科 Begoniaceae 秋海棠属 *Begonia*

形态特征：多年生草本。根状茎匍匐。叶基生，叶片盾状着生；叶片近卵形，长 12~26 cm，宽 11~19 cm，纸质，先端渐尖，基部圆形，稍斜，边缘不均匀，有细锯齿或波状，腹面深绿色或带褐色，沿主脉有白色或浅色条带，被硬毛和刚毛，背面深红色，沿脉多刚毛，基出掌状脉 6~7 条，第三级脉伸达叶片先端，各小叶脉相连，蛛网状。二歧聚伞花序腋生；花序梗长 9~35 cm，具中等粗长柔毛；花单性，雌雄同株；花白色或淡粉色；雄花花梗具柔毛，花被片 4 枚，白色或淡粉色，雄蕊 26~45 枚，花丝长 1.5~2 mm；雌花花梗长 4~6 cm，具 1 枚小苞片，具短硬毛，花被片 3 枚，粉红色。蒴果长圆柱形，具近等大的 3 翅，侧膜胎座。花期 9~10 月，果期 10~12 月。

地理分布：产于大新。

生境特点：生于海拔 200~350 m 的石灰岩石壁上，偶见于半阴湿的岩石上。

资源现状：种群规模小，分布区域极狭窄，数量有下降趋势。

濒危原因：生境丧失，人为过度采集利用。

保护价值：广西特有种，具有较高的观赏价值。

保护措施：加强就地保护；开展迁地保护、扩繁和种群回归工作。

黑峰秋海棠

Begonia ferox C. -I Peng & Yan Liu

国家二级保护

秋海棠科 Begoniaceae 秋海棠属 *Begonia*

形态特征： 多年生草本。根状茎匍匐，长达 40 cm。叶互生；叶片卵形，不对称，长 11~19 cm，宽 8~13 cm，先端渐尖，基部明显斜心形，边缘呈残波状，腹面脉间密布黑棕色、圆锥形、具毛、顶端略带红色的泡状隆起，背面浅红色，被绒毛，凹陷处深红色；叶柄长 10~23 cm，具柔毛。二歧聚伞花序生于根状茎；花序梗长 5~13 cm，被绒毛；花单性，雌雄同株，雄花花被片 4 枚，背面淡黄红色，疏生刚毛；雌花花被片 3 枚，粉白色或白色；子房红色，具 3 翅，翅不等长。蒴果球形，长 1~1.5 cm，直径 0.2~0.5 cm，具三棱。花期 1~5 月，果期 4~7 月。

地理分布： 产于龙州。

生境特点： 生于海拔约 600 m 的石灰岩山坡密林下石壁上。

资源现状： 种群规模小，分布区域极狭窄，数量有下降趋势。

濒危原因： 生境丧失，被过度采集利用。

保护价值： 广西特有种，具有较高的观赏价值。

保护措施： 加强就地保护；开展迁地保护、扩繁和种群回归工作。

古龙山秋海棠

Begonia gulongshanensis Y. M. Shui & W. H. Chen

秋海棠科 Begoniaceae 秋海棠属 *Begonia*

国家二级保护

形态特征：多年生草本。叶基生，交互着生，密被具腺糙硬毛；叶片卵形或卵状披针形，不对称，先端尾状，长 12~18 cm，宽 5~9 cm，基部心形，偏斜或稍偏斜，边缘具细齿，腹面具白色半环状斑纹及瘤状刚毛，沿主脉具深红色斑点，背面沿小脉具腺状长柔毛；叶柄长 5~9 cm。花序梗、花被片及蒴果均被腺状长柔毛。二岐聚伞花序腋生；花序梗长 5~9 cm；花单性，雌雄同株；雄花花被片 4 枚，粉红色或淡粉红色；雌花花被片 3 枚，略带粉红色，花柱 3 枚，基部连合。蒴果具 3 翅，翅不等长，主翅长约 3.5 mm，其余长约 2.1 mm。花期 2~5 月，果期 5~7 月。

地理分布：产于靖西。

生境特点：生于石灰岩峡谷或洞口潮湿的石壁上。

资源现状：种群规模极小，分布区域狭窄。

濒危原因：生境丧失。

保护价值：广西特有种，具有一定的观赏价值。

保护措施：加强就地保护；开展迁地保护、扩繁和种群回归工作。

突肋茶 榕江茶、广东秃茶、丹寨秃茶

Camellia costata Hu & S. Y. Liang ex Hung T. Chang

国家二级保护

山茶科 Theaceae 山茶属 *Camellia*

形态特征：灌木或小乔木。嫩枝无毛。叶片革质，狭长圆形或披针形，长 9~12 cm，宽 2.5~3.5 cm，先端渐尖，基部楔形，边缘在上半部有疏锯齿，腹面稍发亮，背面黄绿色，无毛；侧脉 5~9 对，与中肋在腹面突起，在背面不明显；叶柄长 5~8 mm。花 1~2 朵腋生；花梗长 6~7 mm，无毛；小苞片 2 枚，生于花梗中部，早落；萼片 5 枚，近圆形，长 2.5~5 mm，基部略连生，外面无毛或近无毛；花瓣 6~7 枚，无毛；雄蕊近离生；子房和花柱均无毛，柱头 3 裂。蒴果近球形，直径约 1.4 cm，3 室，果皮厚约 1.5 mm。每室具种子 1 粒。花期 1~2 月，果期 10 月。

地理分布：产于融水、昭平、田林等地。

生境特点：生于海拔 850 m 的山坡或山谷溪边。

资源现状：种群规模小，分布零星。

濒危原因：种群自然更新不良，生境丧失。

保护价值：茶组植物中少有的高茶多酚、低咖啡碱的特异茶树种质资源，为茶树育种和生物学研究提供原材料。

保护措施：加强就地保护，建立种质资源圃。

光萼厚轴茶 多瓣茶

Camellia crassicolumna var. *multiplex* (Hung T. Chang & Y. J. Tang) T. L. Ming

国家二级保护

山茶科 Theaceae 山茶属 *Camellia*

形态特征：乔木或小乔木。当年生枝绿色，无毛；顶芽密被白色柔毛。叶片薄革质，椭圆形、长圆状椭圆形或长圆形，先端急尖或短尾尖，基部楔形或阔楔形，边缘具粗锯齿，腹面深绿色，有光泽，无毛，背面浅绿色，幼时沿中脉被疏毛，侧脉 8~10 对，纤细，中脉和侧脉在两面稍突。花腋生；花梗无毛；小苞片 2 枚，早落；萼片 5 枚，卵圆形，外面无毛，内面密被白色绢毛；花瓣 9~12 枚，白色，外轮花瓣为萼片状，卵圆形，内轮花瓣倒卵形；雄蕊长约 1.5 cm，无毛；子房被白色绒毛；花柱长约 2 cm，密被白色短柔毛，柱头（3~）5 裂。蒴果近球形。种子棕色，半球形或球形。花期 11~12 月，果期翌年 9~10 月。

地理分布：产于融水。

生境特点：生于海拔 1080 m 以上的常绿阔叶林中。

资源现状：种群规模小，分布区域狭窄。

濒危原因：母树结实率低，种群自然更新不良。

保护价值：优质茶树种质资源，为茶树育种和生物学研究提供原材料。

保护措施：加强就地保护，建立种质资源圃。

防城茶

Camellia fangchengensis S. Y. Liang & Y. C. Zhong

山茶科 Theaceae 山茶属 *Camellia*

国家二级保护

形态特征：小乔木，高 3~5 m。顶芽及嫩枝均被褐色茸毛。叶片薄革质，长椭圆形，长 20~32 cm，宽 10~14 cm，先端短尖，基部近圆形，边缘有细锯齿，腹面深绿色，背面浅绿色，密被柔毛；侧脉 10~17 对，在两面突起；叶柄被柔毛。花白色，单生于叶腋；花梗被柔毛；小苞片 2 枚，早落；萼片 5 枚，近圆形，外面被灰褐色柔毛；花瓣 5 枚，卵圆形，先端圆形，基部稍合生，外面被柔毛。蒴果三角状扁球形。花期 11 月至翌年 2 月，果期翌年 9~10 月。

地理分布：产于防城。

生境特点：生于海拔 250~350 m 的山谷疏林中。

资源现状：种群规模小，分布零星。

濒危原因：生境丧失，人为采挖过度。

保护价值：广西特有种；我国珍稀的茶树种质资源，为茶树育种和生物学研究提供原材料。

保护措施：加强就地保护，建立种质资源圃。

秃房茶 秃茶

Camellia gymnogyna Hung T. Chang

山茶科 Theaceae 山茶属 *Camellia*

国家二级保护

形态特征： 灌木。嫩枝无毛。叶片椭圆形，长 9~14 cm，先端急尖，基部阔楔形，边缘有疏锯齿，两面无毛，侧脉每边 8~9 条；叶柄长 7~10 mm。花 2 朵，腋生；花梗长 1~1.4 cm；小苞片 2 枚，早落；萼片 5 枚，长 6 mm，外面无毛；花瓣 7 枚，长 2 cm，白色，外面无毛，基部连生；雄蕊长 1~1.2 cm，基部离生；子房无毛，3 室，花柱长 1.2 cm，柱头 3 裂。蒴果 3 室开裂，阔椭球形，每室有种子 1 粒，熟时 3 瓣裂开；果瓣木质，厚 3~5 mm。花期 12 月至翌年 1 月，果期翌年 9~10 月。

地理分布： 产于凌云、乐业、隆林、东兰、融水、兴安等地。

生境特点： 生于海拔 1000~1700 m 的林下。

资源现状： 种群规模小，分布零星。

濒危原因： 生境退化甚至丧失。

保护价值： 优质茶树种质资源，为茶树育种和生物学研究提供原材料。

保护措施： 加强就地保护，建立种质资源圃。

广西茶

Camellia kwangsiensis Hung T. Chang

国家二级保护

山茶科 Theaceae 山茶属 *Camellia*

形态特征： 小乔木。嫩枝无毛。叶片长圆形，长 10~17 cm，宽 4~7 cm，先端渐尖，基部阔楔形，边缘有细锯齿，腹面干后灰褐色，无光泽，或略有光泽，背面浅灰褐色，两面无毛；侧脉每边 8~13 条；叶柄长 8~12 mm。花顶生；花梗长 7~8 mm；小苞片 2 枚，早落；萼片 5 枚，近圆形，长 6~10 mm，外面无毛，内面有短绢毛；花瓣白色，长 2 cm；雄蕊离生；子房无毛，5 室。蒴果球形，果皮厚 7~8 mm。花期 11~12 月，果期翌年 9~10 月。

地理分布： 产于田林岑王老山。

生境特点： 生于海拔 1500~1900 m 的疏林中。

资源现状： 种群规模小，分布零星。

濒危原因： 生境退化甚至丧失，种群自然更新不良。

保护价值： 优质的茶树种质资源，对茶树遗传育种具有重要价值。

保护措施： 加强就地保护，建立种质资源圃。

［注］变种毛萼广西茶 *C. kwangsiensis* var. *kwangnanica* (Hung T. Chang & B. H. Chen) T. L. Ming 与广西茶的区别主要在于萼片和花瓣外面均被毛，也产于田林岑王老山，种群状况与后者相同。

膜叶茶

Camellia leptophylla S. Y. Liang ex Hung T. Chang

山茶科 Theaceae 山茶属 *Camellia*

国家二级保护

形态特征：灌木或小乔木。嫩枝被毛。叶片膜质，长圆形或狭圆形，长 8~9.5 cm，宽 3~4 cm，先端渐尖或急尖，基部楔形，边缘有疏锯齿，腹面干后暗褐色，无光泽，背面浅绿色，无毛；侧脉 7~8 对，网脉不明显。花 1~2 朵，顶生或腋生；小苞片 2 枚，早落；萼片 5 枚，近圆形，外面无毛，边缘有睫毛，宿存；花瓣 9 枚，倒卵形，白色，基部略连生；雄蕊近离生，花丝无毛；子房无毛，3 室；花柱长约 8 mm，柱头 3 裂。花期 11~12 月，果期翌年 9~10 月。

地理分布：产于龙州、马山、那坡等地。

生境特点：生于海拔 500~800 m 的常绿阔叶林中。

资源现状：种群分布区域狭窄，数量稀少。

濒危原因：生境被破坏甚至丧失。

保护价值：广西特有种，为优质的茶树种质资源，对茶树遗传育种具有重要价值。

保护措施：加强就地保护，建立种质资源圃。

[注] 野外调查发现，在模式产地龙州大青山，膜叶茶不同个体间的花各部位毛被变化较大，不完全符合该物种发表时的描述，有待进一步研究。

野茶 茶树、茗、大树茶

Camellia sinensis (L.) O. Kuntze

国家二级保护

山茶科 Theaceae 山茶属 *Camellia*

形态特征：灌木或小乔木。嫩枝无毛。叶片革质，长圆形或椭圆形，长 4~12 cm，宽 2~5 cm，先端钝尖，基部楔形，腹面有光泽，边缘有锯齿，背面无毛或初时有柔毛；侧脉 5~7 对；叶柄长 3~8 mm，无毛。花 1~3 朵腋生；小苞片 2 枚，早落；萼片阔卵形，宿存；花瓣 5~6 枚，白色，阔卵形；雄蕊长 8~13 mm，花丝基部稍连生；子房密生白毛；花柱无毛，柱头 3 裂。蒴果球形，有种子 1~2 粒。花期 10 月至翌年 2 月，果期 8~10 月。

地理分布：产于融水、平桂、昭平、金秀等地。

生境特点：生于海拔 100 m 以上的常绿阔叶林下或灌丛中。

资源现状：种群规模小，但各地均有大规模种植。

濒危原因：生境丧失，种群自然更新不良。

保护价值：作为茶饮，具有助消化、提神、强心、利尿等功效；种子油是很好的润滑油，提炼后可供食用；亦是重要的野生种质资源，对茶的人工驯化育种具有重要的科学价值。

保护措施：加强就地保护，建立种质资源圃。

白毛茶 狭叶茶、细萼茶

Camellia sinensis var. *pubilimba* Hung T. Chang

国家二级保护

山茶科 Theaceae 山茶属 *Camellia*

形态特征： 小乔木，高 5~6 m。嫩枝有灰褐色柔毛。叶片薄革质，椭圆形或长圆形，长 12~21 cm，宽 4~5.5 cm，先端渐尖，基部阔楔形，边缘有细锯齿，背面有短柔毛，侧脉 10~12 对；叶柄长 8~10 mm，有褐色柔毛。花单生于枝顶；花梗有毛；小苞片 3 枚，散生于花梗上；萼片 7 枚，外面有毛；花瓣 5 枚，倒卵形；雄蕊近离生。蒴果圆球形，直径约 2 cm，被毛，1 室，有种子 1 粒；果梗长约 1 cm。花期 10~12 月，果期翌年 8~10 月。

地理分布： 产于邕宁、兴安、融水、龙胜、容县、博白、防城、凌云、乐业、平桂、昭平、金秀、扶绥、宁明等地。

生境特点： 生于海拔 800~1500 m 的阔叶林下、林缘或灌丛中。

资源现状： 野生资源较丰富，分布区域较广。

濒危原因： 生境丧失，种群自然更新不良。

保护价值： 优质茶树种质资源，对茶树遗传育种具有重要价值。

保护措施： 加强就地保护，建立种质资源圃。

大厂茶 五室茶、四球茶

Camellia tachangensis F. C. Zhang

国家二级保护

山茶科 Theaceae 山茶属 *Camellia*

形态特征：乔木，高可达 15 m。嫩枝无毛。叶片革质，长圆形，长 9~12 cm，宽 4~6 cm，先端急尖，基部楔形，边缘有锯齿；侧脉 7~9 对。花单生于枝顶；小苞片 2 枚，生于花梗中部，早落；萼片 5 枚，肾状圆形，外面无毛；花瓣倒卵形，白色，基部连生，无毛；雄蕊长 1.2~1.4 mm，外轮花丝基部连生成花丝管；子房无毛，（3~）5 室，每室有胚珠 1~4 颗；花柱长 1.3 cm，柱头（3~）5 裂。蒴果圆球形，熟时（3~）5 瓣裂开。种子球形。花期 10 月至翌年 1 月，果期翌年 9~10 月。

地理分布：产于隆林。

生境特点：生于海拔 1500~2040 m 的常绿阔叶林中。

资源现状：种群规模小，分布区域狭窄。

濒危原因：生境被破坏甚至丧失，种群自然更新不良。

保护价值：优质茶树种质资源，是滇黔桂交界地区特有种，在系统进化上处于较原始的位置，对于研究山茶属植物的起源、演化等都具有重要价值。

保护措施：加强就地保护，建立种质资源圃。

软枣猕猴桃 软枣子、紫果猕猴桃、心叶猕猴桃

Actinidia arguta (Sieb. & Zucc.) Planch. ex Miq.

国家二级保护

猕猴桃科 Actinidiaceae 猕猴桃属 *Actinidia*

形态特征：落叶藤本。幼枝被毛；髓心淡褐色，片层状。叶片膜质，宽椭圆形或阔倒卵形，边缘具细锯齿，背面脉腋上有白色髯毛。聚伞花序腋生，具 3~6 朵花；花被白绿色或黄绿色，被褐色短柔毛；花药暗紫色。浆果熟时绿黄色或紫红色，球形或长圆柱形，长 2~3 cm。花期 5 月，果期 8 月。

地理分布：产于融水、兴安、龙胜等地。

生境特点：生于海拔 700~2000 m 的山林中、溪旁或湿润处。

资源现状：种群分布零星，数量较少。

濒危原因：生境丧失，自然更新不良。

保护价值：果实可食用，酸甜可口，对猕猴桃遗传育种具有重要价值。

保护措施：加强就地保护，建立种质资源圃。

中华猕猴桃 猕猴桃、阳桃

Actinidia chinensis Planch.

国家二级保护

猕猴桃科 Actinidiaceae 猕猴桃属 *Actinidia*

形态特征： 落叶藤本。嫩枝被白色柔毛或褐色硬毛；髓心片层状。叶片纸质，宽卵形或椭圆形，先端渐尖，背面密被灰白色或淡褐色星状绒毛；叶柄长 3~10 cm，被灰白色或褐色柔毛。聚伞花序具花 1~3 朵；花被初白色，后变淡黄色；萼片被褐色平伏毛；子房密被黄色绒毛。浆果近球形，长 4~8 cm，被褐色绒毛；宿萼反折。花期 3 月中下旬至 4 月初，果期 9 月。

地理分布： 产于全州、兴安、龙胜、资源、岑溪等地。

生境特点： 生于海拔 200~600 m 的山坡灌丛或次生疏林中，喜腐殖质丰富、排水良好的土壤。

资源现状： 分布区域广但零星，种群规模小。

濒危原因： 生境丧失。

保护价值： 果实可食用，是水果猕猴桃的野生种群，对猕猴桃新品种选育具有重要价值。

保护措施： 加强就地保护，建立种质资源圃。

金花猕猴桃

Actinidia chrysantha C. F. Liang

国家二级保护

猕猴桃科 Actinidiaceae 猕猴桃属 *Actinidia*

形态特征：大型落叶藤本。小枝有明显的皮孔；髓心片层状，褐色。叶片纸质，阔卵形、卵形或披针状长卵形，长 6~15 cm，宽 5~7 cm，先端渐尖，基部略为浅心形或截平形且两侧基本对称，边缘具锯齿；叶柄长 3~5 cm，水红色。聚伞花序具花 1~3 朵；花金黄色，直径 1~2 cm；苞片小，卵形，长约 1 mm；萼片 5 枚，被茶褐色粉末状茸毛；花瓣 5 枚，瓢状倒卵形，长约 1 cm；子房柱状圆球形，密被茶褐色茸毛。浆果熟时栗褐色或绿褐色，具枯黄色斑点，柱状圆球形，长 3~4 cm，直径约 3 cm。花期 5 月，果期 11 月。

地理分布：产于临桂、灵川、兴安、龙胜、资源、平桂等地。

生境特点：生于海拔 900~1300 m 的山地，多见于疏林、灌丛等日照充足的环境。

资源现状：分布零星，种群规模小。

濒危原因：生境丧失，种群自然更新不良。

保护价值：花金黄色，有一定观赏价值；果实可食用，对猕猴桃新品种选育具有重要价值。

保护措施：加强就地保护，建立种质资源圃。

条叶猕猴桃 华南猕猴桃、纤小猕猴桃、耳叶猕猴桃

Actinidia fortunatii Finet & Gagnep.

国家二级保护

猕猴桃科 Actinidiaceae 猕猴桃属 *Actinidia*

形态特征：半常绿藤本。小枝密被红褐色长绒毛。叶片纸质，长 6~18 cm，宽 2~3 cm，先端渐尖，基部耳状 2 裂或钝圆形，边缘有具硬质尖头的锯齿。聚伞花序腋生，有花 1~3 朵；花梗被红褐色绒毛，长约 1 cm；小苞片钻形；萼片 5 枚；花瓣 5 枚，倒卵形，粉红色，长约 6 mm；子房密被黄褐色绒毛，柱状圆球形。 花期 4 月下旬。

地理分布：产于武鸣、马山、上林、宾阳、横州、融安、三江、临桂、灵川、全州、兴安、灌阳、龙胜、资源、防城、上思、平果、东兰、罗城、环江、都安、宁明、大新等地。

生境特点：生于海拔约 900 m 的山地疏林中或林缘。

资源现状：分布区域广，资源较丰富。

濒危原因：人类活动干扰严重，生境退化或丧失。

保护价值：果实可食用，对猕猴桃新品种选育具有重要价值。

保护措施：加强就地保护，建立种质资源圃。

山豆根 胡豆莲

Euchresta japonica Hook. f. ex Regel

国家二级保护

豆科 Fabaceae 山豆根属 *Euchresta*

形态特征：攀缘状小灌木。茎几不分枝，茎上常生不定根。叶为羽状 3 小叶；小叶厚纸质，椭圆形，长 8~9.5 cm，宽 3~5 cm，先端短渐尖至钝圆，基部宽楔形，腹面暗绿色且无毛，干后呈现皱纹，背面苍绿色且被短毛；侧脉极不明显；顶生小叶柄长 0.5~1.3 cm，侧生小叶几无柄。总状花序顶生，长 6~10.5 cm，花序梗及花梗均被短柔毛；花萼钟状，长 3~5 mm，宽 4~6 mm，内外均被短柔毛，萼裂片钝三角形；花瓣均具瓣柄；旗瓣长圆状匙形，长 1 cm，宽 0.2~0.3 cm；翼瓣椭圆形，先端钝圆，长约 1 cm，宽 2~3 mm；龙骨瓣椭圆形，长约 1 cm，宽约 3.5 mm，上半部粘合，基部具耳；子房扁长圆柱形或线形，长约 5 mm；子房柄长约 4 mm；花柱长约 3 mm。果序长约 8 cm；荚果长 1.2~1.7 cm，宽 1.1 cm，顶端钝圆且有细尖头；果梗长约 l cm；果颈长约 4 mm。花期 6~7 月，果期 8~9 月。

地理分布：产于平桂、全州、龙胜等地。

生境特点：生于海拔 800~1350 m 的山谷或山坡密林中。

资源现状：分布零星，种群规模小。

濒危原因：人为过度采挖利用，生境丧失。

保护价值：对山豆根属及其近缘属的系统分类研究有学术价值，也是民间常用草药。

保护措施：加强就地保护，开展迁地保护。

野大豆　山黄豆、乌豆、野黄豆

Glycine soja Sieb. & Zucc.

国家二级保护

豆科 Fabaceae　野大豆属 *Glycine*

形态特征：一年生缠绕草本。全体疏生黄褐色长硬毛。叶为羽状 3 小叶；小叶卵圆形、卵状椭圆形或卵状披针形，长 3.5~6 cm，宽 1.5~2.5 cm，两面被毛。总状花序腋生；花蝶形，淡紫红色；苞片披针形；花萼钟状，外面密生黄色长硬毛，先端 5 齿裂。荚果狭长圆柱形或镰形，两侧稍扁，长 7~23 mm，宽 4~5 mm，具 2~3 粒种子；果皮密被黄色长硬毛；种子间缢缩；种子长圆柱形或椭球形。花期 7~8 月，果期 8~10 月。

地理分布：产于象州、全州、灵川、恭城、平乐、永福等地。

生境特点：生于海拔 300~1300 m 的山野以及河流沿岸、湿草地、湖边、沼泽附近或灌丛中。

资源现状：种群分布区域广但有缩小的趋势。

濒危原因：大规模的开荒、农田改造、新修水利以及城乡建设等导致生境退化或丧失。

保护价值：重要作物大豆的近缘种，具有耐盐碱、抗寒、抗病等优良性状，是大豆育种重要的种质资源。

保护措施：加强就地保护，建立种质资源圃；加大普法宣传力度，提高公众的保护意识。

奶桑 黄桑

Morus macroura Miq.

国家二级保护

桑科 Moraceae 桑属 *Morus*

形态特征： 小乔木，高 7~12 m。小枝幼时被柔毛。叶片膜质，卵形或宽卵形，长 5~15 cm，宽 5~9 cm，先端渐尖至尾尖，尾长 1.5~2.5 cm，基部圆形至浅心形或平截，边缘具细密锯齿，腹面深绿色，略粗糙，侧脉及网脉疏生细毛，背面浅绿色，幼时脉上疏被细毛，基生侧脉延长至叶片中部，侧脉 4~6 对，向上斜展；叶柄长 2~4 cm。花单性，雌雄异株；雄花序穗状，单生或成对腋生，长 4~8 cm，花序梗长 1~1.5 cm；雄花具梗，花被片 4 枚，卵形，外面被毛，雄蕊 4 枚，花丝长约 2.5 mm，花药近球形，退化雌蕊方块形；雌花序狭圆柱形，长 6~12 cm，花序梗与雄花总梗相等；雌花花被片 4 枚，被毛，子房斜卵球形，稍扁，微被毛，无花柱，柱头 2 裂且内面有乳头状突起。聚花果长 6~12 cm，熟时黄白色；小核果卵球形。花期 3~4 月，果期 4~5 月。

地理分布： 产于上思、防城、宁明、龙州、凭祥、靖西、巴马等地。

生境特点： 生于海拔 250 m 以上的山坡疏林或沟谷杂木林中。

资源现状： 分布零星，种群数量有下降的趋势。

濒危原因： 生境丧失，种群自然更新不良。

保护价值： 韧皮纤维可用于造纸或制绳索；木材及叶均可提取桑色素；嫩叶可用于饲蚕；木材可制家具。

保护措施： 加强就地保护，建立种质资源圃。

长穗桑 黔鄂桑

Morus wittiorum Hand.-Mazz.

国家二级保护

桑科 Moraceae 桑属 *Morus*

形态特征： 落叶乔木或灌木，高 4~10 m。树皮灰白色；枝条有明显皮孔。叶互生，叶片纸质，长椭圆形至宽椭圆形，边缘于叶片 2/3 以上具粗浅锯齿或近全缘，基部圆或宽楔形，两面无毛；基出脉 3 条。花单性，雌雄异株；花序具梗；雄花序腋生，花序梗短；雌花序长 9~15 cm，花序梗长 2~3 cm；雌花无梗，花柱极短。聚花果窄圆柱形，熟时黄绿色。花期 4~5 月，果期 5~6 月。

地理分布： 产于融水、金秀、罗城、全州、龙胜、扶绥、平南等地。

生境特点： 生于山坡疏林中或沟谷旁。

资源现状： 分布零星，种群数量有下降的趋势。

濒危原因： 生境丧失，种群自然更新不良。

保护价值： 韧皮纤维可用于造纸或作绳索；嫩叶可用于饲蚕；木材可制家具。

保护措施： 加强就地保护，促进种群更新；建立种质资源圃。

长圆苎麻

Boehmeria oblongifolia W. T. Wang

国家二级保护

荨麻科 Urticaceae 苎麻属 *Boehmeria*

形态特征：小灌木，高约 1 m。小枝上部疏被短伏毛。叶互生；叶片长圆形、椭圆状卵形或椭圆形，长 7~15.5 cm，宽 2~4.5 cm，先端短渐尖，基部圆形或钝，边缘下部全缘，上部有小齿，背面网脉被短柔毛或近无毛；基出脉 3 条。团伞花序单生叶腋，直径 2~7 mm；苞片卵形、三角形或钻形；雄花花梗长约 0.5 cm，花被片 4 枚，宽椭圆形，雄蕊 4 枚；雌花花被片先端具 2 小齿。花期 9 月。

地理分布：产于龙州、凭祥。

生境特点：生于石灰岩石山山脚阴湿的沟谷。

资源现状：分布区域狭窄，种群数量稀少。

濒危原因：生境丧失。

保护价值：广西特有种，具有抗旱、抗病的优良性状，对苎麻类作物品种选育具有重要价值。

保护措施：加强就地保护，建立种质资源圃。

宜昌橙 酸柑子、野柑子

Citrus cavaleriei H. Lév. ex Cavalier

国家二级保护

芸香科 Rutaceae 柑橘属 *Citrus*

形态特征： 灌木或小乔木，高 1~4 m。枝上多刺，刺劲直；花枝上的刺常萎缩。单身复叶互生，叶身披针形或卵形，大小差异大，大的长达 8 cm、宽 4 cm，小的长 2~4 cm、宽 7~15 mm，先端渐狭长尖；翼叶比叶身略短小。花单生于叶腋；花瓣淡紫红色或白色。果扁球形、圆球形或梨形，横径 5~12 cm，纵径 5~10 cm，熟时果皮淡黄色；果皮厚 3~6 mm，油胞突起，粗糙；瓤囊约 10 瓣，果肉淡黄白色，味甚酸，兼有苦味和麻辣味；每果有种子 20~40 粒。种子近卵形。花期 4~5 月，果熟期 11~12 月。

地理分布： 产于上林、田林、隆林、融水、临桂、兴安、龙胜、资源、田阳、田东、环江、金秀等地。

生境特点： 生于海拔 1000 m 以上的山坡及河谷沿岸杂木林中。

资源现状： 种群分布区域广但零星，种群规模小。

濒危原因： 生境丧失，自然更新不良。

保护价值： 为柑橘属中抗寒性较强、耐瘠薄、耐阴、抗病力强的野生种，可用于柑橘的抗性育种或作为柑橘的矮化砧木利用。

保护措施： 加强就地保护，建立种质资源圃；加大普法宣传力度，提高公众的保护意识。

道县野橘

Citrus daoxianensis S. W. He & G. F. Liu

国家二级保护

芸香科 Rutaceae 柑橘属 *Citrus*

形态特征：小乔木，高 7~8 m。枝上有短刺。单身复叶互生，叶身宽披针形，长 6.0~7.2 cm，宽 2.3~3.0 cm；翼叶线形，短窄，与叶身交接处具明显的关节。花单生于叶腋；花瓣少于 9 枚。果扁球形，横径约 3.9 cm，纵径约 2.9 cm，熟时果皮黄色或橙色，汁囊结构为长纺锤形，含丰富果胶，具酸味；每果具 8~20 粒种子；果梗长 0.3~0.5 cm。种子卵球形。花期 4~5 月，果熟期 11~12 月。

地理分布：产于平桂、兴安、资源、灌阳、恭城等地。

生境特点：生于海拔 500~550 m 的山坡林下。

资源现状：种群规模小，并有明显下降的趋势。

濒危原因：生境丧失；种群自然更新不良。

保护价值：柑橘属栽培种类古老的基因资源，是研究柑橘属起源、分类及遗传育种等方面的宝贵材料。

保护措施：加强就地保护，建立种质资源圃。

莽山野柑 莽山野橘、姑婆山皱皮柑、臭柑、皱皮柑

Citrus mangshanensis S. W. He & G. F. Liu

国家二级保护

芸香科 Rutaceae 柑橘属 *Citrus*

形态特征： 灌木或小乔木。树势中等，树冠呈不规则圆头形，半开张。枝梢短而细，具短刺。单身复叶互生，叶身卵圆形或椭圆形，长 4.5~6.5 cm，宽约 2.8~3.2 cm，先端渐尖，边缘锯齿明显，背面灰白色，腹面淡绿色，质地较厚。花单生，直径 1.8 ~ 2.3 cm；花瓣 5 枚，白色，开花后向外反卷；雄蕊 18~21 枚，花丝分离。果扁球形，不甚规整；熟时外果皮橙黄色，粗糙，有 9~21 条明显沟纹，沟间隆起直达基部，表面广布瘤状突起，油胞突起，凹点大而深，满布果面，皮厚约 0.8 cm，包着紧，尚可剥皮，皮脆且有特殊气味；果肉浅橙黄色，囊瓣 9~12 瓣；汁胞短，呈颗粒状，柔软，有胶，味极酸，微苦。种子多，倒卵形，有喙状突起。果熟期 11 月下旬至 12 月上旬。

地理分布： 产于平桂等地。

生境特点： 生于海拔 600~1000 m 的山坡、沟谷疏林或密林下。

资源现状： 种群规模小，分布区域极狭窄。

濒危原因： 生境丧失，种群自然更新不良。

保护价值： 柑橘属重要栽培种类古老的基因资源，是研究柑橘属起源、分类及遗传育种等方面的宝贵材料。

保护措施： 加强就地保护，建立种质资源圃。

野生荔枝 野荔枝

Litchi chinensis Sonn.

国家二级保护

无患子科 Sapindaceae 荔枝属 *Litchi*

形态特征：大乔木，高达 20 m。小枝圆柱形，具苍白色皮孔。羽状复叶长 7~20 cm，小叶 2~4 对；小叶对生或近对生，背面疏被平伏微柔毛或近无毛。圆锥花序密被锈色绒毛，小聚伞花序具短梗；花萼杯状，顶部 4 齿裂，萼裂片钝三角形，外面被锈色微硬毛；雄蕊通常 8 枚，花丝中部以下被长柔毛。花期 2~4 月，果期 5~7 月。

地理分布：产于上思、防城、宁明、龙州、大新、那坡、百色、博白等地。

生境特点：生于海拔 1000 m 以下的常绿阔叶林中。

资源现状：分布零星，通常为老年的大乔木。

濒危原因：人为砍伐，生境丧失。

保护价值：重要水果荔枝的野生种群，对荔枝新品种选育具有重要价值；其木材红色，通称红木，属珍贵用材；花朵富含蜜腺，为重要的蜜源植物；种子可入药。

保护措施：加强就地保护，促进种群自然更新。

韶子 假荔枝、假龙眼、毛荔枝

Nephelium chryseum Blume

国家二级保护

无患子科 Sapindaceae 韶子属 *Nephelium*

形态特征：乔木，高 10~20 m。嫩枝被锈色短柔毛。羽状复叶，小叶常 4 对；叶薄革质，长圆形，长 6~18 cm，宽 2.5~7.5 cm，两端近短尖，边缘全缘，背面粉绿色，被柔毛；侧脉每边 9~14 条或更多。花序多分枝，雄花序与叶近等长，雌花序较短；萼片密被柔毛；雄蕊 7~8 枚；子房 2 室，被柔毛。果椭圆球形，熟时红色，连刺长 4~5 cm，宽 3~4 cm；刺两侧扁，基部阔，先端尖，弯钩状。花期 4 月，果期 7 月。

地理分布：产于江州、凭祥、龙州、大新、靖西、武鸣等地。

生境特点：生于海拔 400~1500 m 的密林中。

资源现状：种群分布零星，数量有下降趋势。

濒危原因：生境丧失，遭人为砍伐。

保护价值：果肉酸甜可食；种子油可制肥皂、作工业润滑油。

保护措施：开展资源本底调查，加强就地保护，建立种质资源圃。

疙瘩七　珠子参、羽叶参、扣子七、乌七

Panax bipinnatifidus Seemann

国家二级保护

五加科 Araliaceae　人参属 *Panax*

形态特征： 多年生草本，茎高 30~50 cm。根状茎呈串珠疙瘩状，稀竹节状。掌状复叶，3~5 片轮生于茎顶端；小叶 5~7 片，薄膜质，长椭圆形，二回羽状深裂，长 5~9 cm，宽 2~4 cm，先端长渐尖，基部楔形，下延，腹面脉上疏生刚毛，背面通常无毛；小叶柄长达 2 cm。伞形花序单个顶生，其下偶有 1 个至数个侧生小伞形花序；花小，淡绿色；花萼边缘有 5 齿；花瓣 5 枚；雄蕊 5 枚；子房下位，2 室，稀 3~4 室；花柱 2 枚，稀 3~4 枚，分离，或基部合生，中部以上分离。果扁球形，熟时红色，顶部有黑点。花期 7 月。

地理分布： 产于全州、融水等地。

生境特点： 生于海拔 1400 m 以上的山坡竹林或杂木林下。

资源现状： 种群规模小，分布零星，资源量持续减少。

濒危原因： 人为过度采挖利用，生境丧失。

保护价值： 干燥根状茎可入药，具补肺、养阴、活络、止血的功效。

保护措施： 加强就地保护；加大普法宣传力度，提高公众的保护意识。

竹节参　野三七、萝卜七、马鞭七

Panax japonicus (T. Nees) C. A. Meyer

国家二级保护

五加科 Araliaceae　人参属 *Panax*

形态特征：多年生草本，高达 1 m。根状茎肉质，竹鞭状。掌状复叶，3~5 片轮生于茎端，具小叶 5 片；叶柄长 8~11 cm，无毛；小叶膜质，倒卵状椭圆形或长椭圆形，长 5~18 cm，先端渐尖，基部宽楔形或近圆形，边缘具锯齿，两面沿脉疏被刺毛。伞形花序单生于茎顶；花梗长 0.5~1.5 cm；花瓣 5 枚，长卵形；子房 2~5 室；花柱连合至中部。果近球形，直径 5~7 mm，熟时红色，具种子 2~5 粒。种子白色，球形。花期 5~6 月，果期 7~9 月。

地理分布：产于全州、龙胜、资源、恭城、田林、乐业、融水等地。

生境特点：通常生于海拔 800 m 以上的山坡、山谷林下阴湿处或竹林阴湿沟边。

资源现状：野生资源濒临枯竭，分布零星；虽然也有种植，但规模不大。

濒危原因：人为过度采挖利用，生境丧失，种群自然更新不良。

保护价值：我国珍稀名贵的"七类"中草药之一。

保护措施：加强就地保护；加大普法宣传力度，提高公众的保护意识。

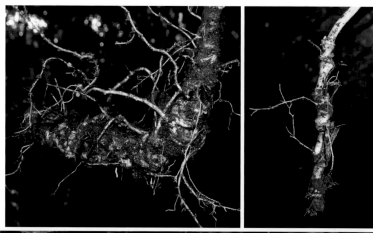

小萼柿

Diospyros minutisepala Kottaim

国家二级保护

柿科 Ebenaceae 柿属 *Diospyros*

形态特征：乔木，高达 18 m。树皮深棕色，不规则鳞片状。幼枝绿色，被微柔毛。叶互生；叶片椭圆形或卵形。雌花单生，腋生于当年生枝上；花梗短，密被棕色糙伏毛；萼裂片 4 枚，分裂到中部，宽三角形，外面具浓密棕色糙伏毛；花冠淡黄色，芳香；花冠筒 4 棱；花冠瓶状，裂至中部；花冠裂片 4 枚，反折，长约 6 mm，外面密被白色绢毛，内面光滑；退化雄蕊 8 枚，贴生于花冠基部；子房卵球形，8 室；柱头 4 裂。果熟时橙黄色，直径 6~14 cm，具种子 8 粒。种子棕色，侧面压扁状，表面具纵向凹槽。花期 4~5 月，果期 9~10 月。

地理分布：产于靖西、龙州等地。

生境特点：生于石灰岩山地阔叶林中或林缘。

资源现状：种群规模小，分布零星。

濒危原因：生境丧失，种群自然更新不良。

保护价值：重要的柿属种质资源，可为柿的良种培育提供原材料。

保护措施：开展资源本底调查，加强就地保护，促进种群更新，建立种质资源圃。

云南枸杞

Lycium yunnanense Kuang & A. M. Lu

国家二级保护

茄科 Solanaceae 枸杞属 *Lycium*

形态特征：灌木，高约 50 cm。茎干呈灰褐色。小枝顶端锐尖成针刺状。叶在长枝及棘刺上单生，在瘤状短枝上 2 片至数片簇生；叶片狭卵形、矩圆状披针形或披针形，边缘全缘，先端急尖，基部楔形，长约 10 mm，宽约 5 mm；叶柄极短。花常呈簇生状，淡蓝紫色；花萼钟状，顶部通常 3 裂或有 4~5 齿，萼裂片先端有短绒毛；花冠漏斗状，筒长约 5 mm，花冠裂片边缘近无毛；花丝高出花冠，长 5~7 mm，基部稍上处环生绒毛；花柱长于花冠，长 7~8 mm；子房卵状。浆果球形，直径约 4 mm，熟时橙红色，具 20 多粒种子。

地理分布：产于凌云、田林等地。

生境特点：生于海拔 1360~1450 m 的沟谷边或灌木中。

资源现状：分布零星，种群规模小。

濒危原因：生境丧失。

保护价值：中国特有植物，为珍稀的食用、药用种质资源。

保护措施：加强就地保护，建立种质资源圃。

盾鳞狸藻

Utricularia punctata Wall. ex A. DC.

国家二级保护

狸藻科 Lentibulariaceae 狸藻属 *Utricularia*

形态特征：水生草本。匍匐枝圆柱状，具稀疏的分枝，无毛。叶器多数，互生，2 或 3 深裂几达基部，裂片先羽状深裂，后二回至数回二歧状深裂；末回裂片毛发状，先端及边缘具小刚毛，其余部分无毛。无冬芽。捕虫囊少数，侧生于叶器裂片上，斜卵球形，侧扁，具短柄；口侧生，边缘疏生小刚毛，上唇具 2 个分支的刚毛状附属物，下唇无附属物。花序直立，中部以上具 5~8 朵多少疏离的花，无毛；花序梗具 1~2 枚与苞片同形的鳞片；苞片中部着生，呈盾状，卵形，顶端急尖，基部圆形，膜质；花冠淡紫色，喉突具黄斑。蒴果椭圆球形，无毛，室背开裂。种子少数，双凸镜状，边缘环生具不规则牙齿的翅。

地理分布：产于东兴。

生境特点：生于低海拔的水田灌溉渠中。

资源现状：种群数量稀少，分布范围狭窄。

濒危原因：生境丧失。

保护价值：狸藻属极罕见物种，对研究该属植物的分类学及区系地理学有重要学术价值；可栽于水族箱、水榭等处供观赏。

保护措施：加强就地保护，开展资源本底调查。

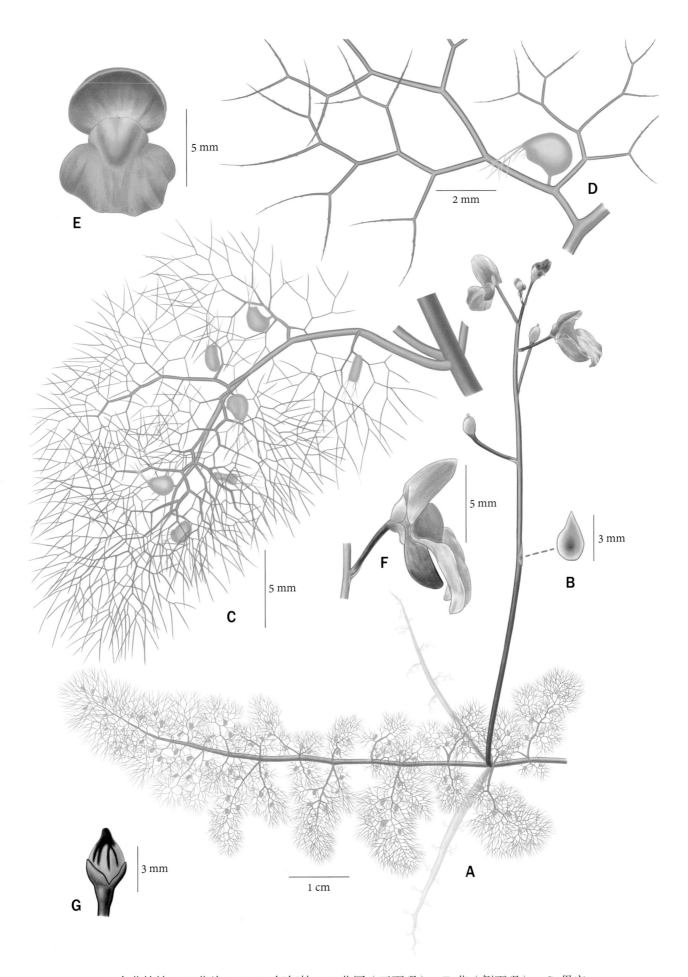

A. 有花植株；B. 苞片；C，D. 匍匐枝；E. 花冠（正面观）；F. 花（侧面观）；G. 果实

高雄茨藻

Najas browniana Rendle

国家二级保护

水鳖科 Hydrocharitaceae 茨藻属 *Najas*

形态特征：一年生沉水草本，高 20~30 cm。叶 3 片，假轮生，于枝端较密集；叶片线形，长 1~2 cm，宽 0.5~1 mm，边缘具齿；叶脉 1 条，基部扩大成鞘，抱茎。花小，单性，多单生，或 2~3 朵聚生于叶腋。瘦果狭长椭球形，长 1.5~1.7 mm。花果期 8~11 月。本种区别于同属其他种的主要特点是叶耳短三角形，先端具数枚细齿，略呈撕裂状；外种皮细胞近四方形至五角形。

地理分布：产于北海市沿海区域。

生境特点：生于水深 0.5~1 m 的咸水中。

资源现状：种群数量稀少，分布区域狭窄。

濒危原因：生境丧失。

保护价值：我国分布的茨藻属植物中唯一生长于咸水环境的品种。

保护措施：加强就地保护，开展资源本底调查。

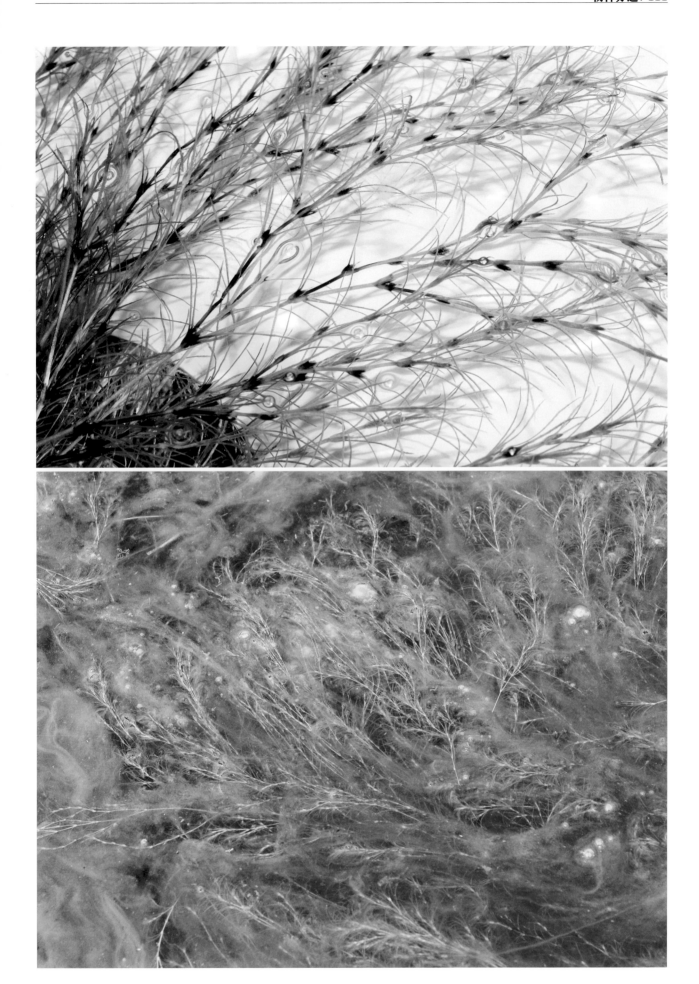

海菜花

Ottelia acuminata (Gagnep.) Dandy

国家二级保护

水鳖科 Hydrocharitaceae 水车前属 *Ottelia*

形态特征： 沉水草本。叶片、叶柄及花葶均可随水深而伸长。叶基生；叶片膜质，线形、长椭圆形或披针形，长 15~40 cm，宽 5~8 cm。叶柄、叶背、佛焰苞及果上常有肉刺和疣突。花葶线形或螺旋形，开花时向上，使花伸出水面，结实时则沉入水中；花单性，佛焰苞具棱；雄佛焰苞内含雄花 40~50 朵，花梗长 4~10 cm；萼片披针形；花瓣倒心形；雄蕊 12 枚；雌佛焰苞内含雌花 2~3 朵；雌花具短梗，萼片、花瓣与雄花同形；退化雄蕊 3 枚；花柱 3 枚，橙黄色，2 裂至基部；柱头线形。果三棱状纺锤形，长约 8 cm；种子多数。

地理分布： 产于永福、鹿寨等地。

生境特点： 生于池塘、湖泊、溪沟、河流或水田中。

资源现状： 种群规模小，分布零星。

濒危原因： 生境被污染甚至丧失。

保护价值： 食用植物及水生观赏植物，具有潜在的开发前景；对湿地生态修复具有重要价值。

保护措施： 加强就地保护，开展种群更新机制研究；加大普法宣传力度，提高公众的保护意识。

龙舌草

Ottelia alismoides (L.) Pers.

国家二级保护

水鳖科 Hydrocharitaceae 水车前属 *Ottelia*

形态特征：沉水草本。叶基生；叶片膜质，广卵形、卵状椭圆形、近圆形或心形，长 8~25 cm，宽 1.5~18 cm，先端圆形或钝尖，基部圆形、心形或楔形，边缘全缘或有细齿；叶柄通常长 4~40 cm。花两性，单生于佛焰苞内；佛焰苞椭圆形至卵形，具 3~6 条皱波状或近全缘的纵翅；花序梗长 5~50 cm；花无梗；萼片 3 枚，长圆状披针形，绿色；花瓣 3 枚，倒卵形，长 1.6~2.5 cm，白色、淡紫色或浅蓝色；雄蕊 6~12 枚；花柱 3~9（10）枚，2 深裂。果卵状长椭球形，长 2~5 cm，宽 0.8~1.8 cm。种子多数，细小，被白毛。

地理分布：产于龙州、北流、临桂等地。

生境特点：生于池塘、溪沟或水田中。

资源现状：种群规模小，分布零星。

濒危原因：生境被污染甚至丧失。

保护价值：水生观赏植物，具有潜在的开发前景；对湿地生态修复具有重要价值。

保护措施：加强就地保护，开展种群更新机制研究；加大普法宣传力度，提高公众的保护意识。

水菜花 出水水菜花

Ottelia cordata (Wall.) Dandy

国家二级保护

水鳖科 Hydrocharitaceae 水车前属 *Ottelia*

形态特征： 水生草本。叶基生，多数；叶片长心形，长 9~20 cm，宽 4.5~14 cm，先端钝，边缘全缘，背面绿色或微带紫色；叶柄半圆柱形，具 5~6 条棱，绿色，长 45~90 cm，基部扩大成鞘状。雌雄异株；花梗长 40~100 cm，绿色；佛焰苞扁平，密被淡红色的疣点；雄佛焰苞内有雄花 47~60 朵，常 2~5 朵同时伸出苞外开放；雄花萼片 3 枚，披针形；花瓣 3 枚，倒卵形，白色，基部黄色；雄蕊 12 枚，2 轮，花丝密被白色绒毛；退化雄蕊 3 枚，先端 2 裂；雌佛焰苞内有雌花 1 朵，比雄花稍大；子房卵形，光滑；花柱 14~18 枚，淡黄绿色，柱头 2 裂，内侧边缘密被白色绒毛和乳头状毛。果椭球形。种子多数，纺锤形，密被灰色绒毛。

地理分布： 产于贵港。

生境特点： 生于池塘或溪沟中。

资源现状： 种群规模小，分布区域狭窄。

濒危原因： 生境被污染甚至丧失。

保护价值： 水生观赏植物，具有潜在的开发前景；对湿地生态修复具有重要价值。

保护措施： 加强就地保护，开展种群更新机制研究；加大普法宣传力度，提高公众的保护意识。

凤山水车前

Ottelia fengshanensis Z. Z. Li, S. Wu & Q. F. Wang

国家二级保护

水鳖科 Hydrocharitaceae 水车前属 *Ottelia*

形态特征：沉水草本。叶片线形或长圆形，长 30~70 cm，宽 8~14 cm，基部圆形，先端急尖或钝；叶柄光滑，绿色，长 8~10 cm，基部延伸成鞘状。佛焰苞圆形，边缘有疣点或光滑，外面具纵棱或翅，有 3~4 朵花；花两性；花瓣白色，基部黄色，长约 2 cm，宽 2~2.5 cm；雄蕊 3 枚，花丝长 3~5 mm；腺体 3 个，与花瓣对生，浅黄色；子房六棱柱形至圆柱形；花柱 3 枚，白色，纤细，被毛，2 裂至基部。蒴果六棱柱形，黑绿色，宿存萼片，长于佛焰苞。种子多数，纺锤形，两端具毛。

地理分布：产于凤山。

生境特点：生于河流或溪流中。

资源现状：种群规模小，分布范围狭窄。

濒危原因：生境受污染甚至丧失。

保护价值：水生观赏植物，具有潜在的开发前景，对湿地生态修复具有重要价值。

保护措施：加强就地保护，开展种群更新机制研究；加大普法宣传力度，提高公众的保护意识。

灌阳水车前

Ottelia guanyangensis Z. Z. Li, Q. F. Wang & S. Wu

国家二级保护

水鳖科 Hydrocharitaceae 水车前属 *Ottelia*

形态特征：沉水草本。叶片不透明，线形，长 15~50 cm，宽 4~6 cm，先端急尖，基部圆形；叶柄光滑，长 8~13 cm，基部延伸成鞘状。佛焰苞扁圆形，边缘具疣点，一侧边缘具纵肋和翅，有花 2~5 朵；花两性；萼片红棕色，有明显的纵肋；花瓣白色，基部黄色，倒卵形，长 1.5~2 cm，宽 2~2.5 cm；雄蕊 3 枚，与萼片对生，花丝长 5~7 mm；腺体 3 个，与花瓣对生，浅黄色至乳白色；花柱 3 枚，浅黄色，纤细，被毛，长 1~1.3 cm，柱头 2 裂至基部。蒴果六棱柱形，具 6 翅，黑绿色或红棕色；宿存萼片长于佛焰苞。种子多数，有刺毛。

地理分布：产于灌阳、荔浦、灵川等地。

生境特点：生于河流或溪流中。

资源现状：种群规模小，分布零星。

濒危原因：生境受污染甚至丧失。

保护价值：水生可食用和观赏植物，具有潜在的开发前景，对湿地生态修复具重要价值。

保护措施：加强就地保护，开展种群更新机制研究；加大普法宣传力度，提高公众的保护意识。

靖西海菜花

Ottelia jingxiensis (H. Q. Wang & X. Z. Sun) Z. Z. Li, Q. F. Wang & J. M. Chen

国家二级保护

水鳖科 Hydrocharitaceae 水车前属 *Ottelia*

形态特征： 沉水草本。叶基生；叶片膜质，线形或带状椭圆形，长 15~50 cm，宽 8~14 cm。花葶线形或螺旋形，开花时向上，使花伸出水面，结实时则沉入水中；花单性；雄佛焰苞内含雄花 140 朵以上；花梗长 4~9 cm；萼片阔披针形；花瓣倒心形，长 2~3.5 cm，宽 1.5~4 cm；雄蕊 12 枚；退化雄蕊 3 枚，具 6 槽；雌佛焰苞内含雌花 3~8 朵，具短梗，萼片、花瓣与雄花同形；花柱 3 枚，橙黄色，2 裂至基部，裂片线形。果实三棱柱形，具疣点，长于佛焰苞。种子多数。

地理分布： 产于靖西、德保、都安等地。

生境特点： 生于溪沟或河流中。

资源现状： 种群分布零星。

濒危原因： 生境受污染甚至丧失。

保护价值： 水生观赏植物，具有潜在的开发前景，对湿地生态修复具重要价值。

保护措施： 加强就地保护，开展种群更新机制研究；加大普法宣传力度，提高公众的保护意识。

高平重楼 亮叶重楼

Paris caobangensis Y. H. Ji, H. Li & Z. K. Zhou

国家二级保护

藜芦科 Melanthiaceae 重楼属 *Paris*

形态特征：多年生草本。根状茎圆柱形，斜升或横走，直径 2~3 cm，长 5~7 cm。茎直立，高 30~35 cm，下部红紫色，上部白绿色。叶在茎顶部轮生，4~6 片；叶片绿色，革质，卵形、卵状披针形或长圆状披针形，长约 9.5 cm，宽约 4.5 cm，先端锐尖，基部近圆形；基出侧脉 1 对，网脉不明显；叶柄长 2~3 cm。花单生于茎顶端；花梗褐色，长 20~25 cm；萼片 4~6 枚，披针形至卵状披针形，绿色，长 2~4.5 cm，宽 1.5~2.5 cm；花瓣黄绿色，基部狭线形，向先端逐渐变宽至 2~3 mm，长 3~5 cm，比萼片长或有时短，偶有反折；雄蕊数为萼片数的 2 倍；花丝黄绿色，长 1.6~1.9 cm；花药黄色，长 6~9 mm，药隔离生部分的顶端锐尖，近无；子房圆锥形，绿色，外具 4~6 脊；花柱紫色，长约 4 mm，基部膨大，柱头 4~5 浅裂。蒴果近圆球形，直径 2~2.5 cm，熟时黄绿色，纵向开裂。种子多数，外被红色多汁假种皮包裹。花期 3~5 月，果期 6~11 月。

地理分布：产于灌阳、全州、融水等地。

生境特点：生于海拔 300~2000 m 的常绿或落叶阔叶林下阴湿处。

资源现状：种群规模小，资源量有持续减少趋势。

濒危原因：分布区狭窄，人为过度采挖利用。

保护价值：根状茎具有重要的药用价值。

保护措施：加强就地保护与迁地保护；加大普法宣传力度，提高公众的保护意识。

七叶一枝花 华重楼

Paris chinensis Franch.

国家二级保护

藜芦科 Melanthiaceae 重楼属 *Paris*

形态特征： 多年生草本。根状茎圆柱形，随生长而增粗，长 8~25 cm，直径 1.5~10 cm。茎直立，高 25~84 cm，绿色或紫红色。叶在茎顶部轮生，5~12 片；叶片绿色，长圆形、卵形、披针形或倒披针形，长 8~20 cm，宽 2~8 cm，基部常楔形，基出侧脉 2~3 对；叶柄绿色或紫色，长 0.1~3.5 cm。花单生于茎顶端；萼片绿色，披针形，长 2.5~8 cm，宽 0.8~3 cm；花瓣黄绿色，线形，宽达 3 mm，明显短于萼片，常反折；雄蕊数为花瓣数的 2 倍，长 9~18 mm；花丝淡绿色，长 3~7 mm；花药黄色，长 5~10 mm，药隔离生部分的顶端不明显，或长 0.5~2 mm，锐尖；子房绿色，平滑或具瘤，外具 4~8 脊，单室，侧膜胎座；花柱紫色或深红色，长不超过 2 mm，基部增大；柱头紫红色或深红色，长 4~10 mm，花期直立，果期外卷。蒴果近球形，绿色，直径 2~5 cm，熟时不规则开裂。种子多数，卵球形，外被红色多汁假种皮包裹。花期 3~5 月，果期 6~10 月。

地理分布： 产于东兰、蒙山、苍梧、金秀、鹿寨、八步、富川、临桂、灵川、恭城、阳朔、龙胜、兴安、全州、资源、灌阳、桂平、上林、罗城、环江、靖西、德保、龙州、隆林、马山、都安、宾阳、融水、容县、乐业、横州、武鸣、平南、兴业等地。

生境特点： 生于海拔 150~2000 m 的沟谷、溪边、山坡、竹林下及路旁。

资源现状： 分布区域广但零星，资源量有持续减少的趋势；虽有规模化的人工栽培，但仍供不应求。

濒危原因： 人为过度采挖利用，生境丧失。

保护价值：《中华人民共和国药典》收载的中药"重楼"基原之一，具有重要的药用价值。

保护措施： 加强就地保护与迁地保护；加大普法宣传力度，提高公众的保护意识。

凌云重楼

Paris cronquistii (Takhtajan) H. Li

国家二级保护

藜芦科 Melanthiaceae 重楼属 *Paris*

形态特征： 多年生草本。根状茎圆柱形，长 5~10 cm，直径 2~3 cm。茎直立，高 20~100 cm，常红紫色。叶在茎顶部轮生，4~7 片；叶片腹面绿色，沿主脉带白色斑纹，背面紫色或绿色带紫色斑纹，卵形，长 11~17 cm，宽 5.5~11 cm，基部心形，稀圆形，先端突窄，尾状，基出侧脉 2 对；叶柄长 2.5~7.5 cm，紫色。花单生于茎顶端；花梗长 12~60 cm，绿色或紫色；萼片绿色，披针形或卵状披针形，长 4.5~11 cm，宽 1.3~2 cm；花瓣黄绿色，丝状，长 2~8 cm，比萼片短；雄蕊数为花瓣数的 3 倍或 2 倍，长 15~30 mm；花丝淡绿色，长 3~10 mm；花药金黄色，长 10~15 mm；药隔绿色或黄色，离生部分长 1~6 mm；子房单室，侧膜胎座，绿色或淡紫色，外侧具 4~7 脊；花柱紫绿色或淡黄红色，长 2~3 mm，基部增大；柱头 5~6 裂，淡黄色或紫色，外卷。蒴果绿色，熟时绿红色，直径 1.5~3 cm，不规则开裂。种子多数，近球形，外被红色多汁假种皮包裹。花期 4~6 月，果期 7~10 月。

地理分布： 产于凌云、田林、乐业、那坡、隆林、德保、环江等地。

生境特点： 生于海拔 200~1950 m 的沟谷、溪边、灌木中。

资源现状： 分布区域较广但零星，资源量有持续减少的趋势。

濒危原因： 人为过度采挖利用，生境丧失。

保护价值： 根状茎具有重要的药用价值。

保护措施： 加强就地保护与迁地保护；加大普法宣传力度，提高公众的保护意识。

金线重楼 具柄重楼、卵叶重楼、长药隔重楼

Paris delavayi Franch.

国家二级保护

藜芦科 Melanthiaceae 重楼属 *Paris*

形态特征：多年生草本。根状茎圆柱形，长 5~12 cm，直径 1.5~4 cm。茎直立，高 30~60 cm，绿色或紫色。叶在茎顶部轮生，5~8 片；叶片绿色，通常膜质，狭披针形、披针形、长圆状披针形、长圆形或卵形，长 5.5~11 cm，宽 1~4.5 cm，先端渐尖，基部楔形至圆形；叶柄长 0.6~2.5 cm。花单生于茎顶端；花梗长 1~15 cm，绿色或紫色；萼片绿色或常紫色，长 1.5~4 cm，宽 0.3~1 cm，通常反折；花瓣深紫色（稀黄绿色），线状，宽 0.5~1 mm，远短于萼片，反折；雄蕊数为花瓣数的 2 倍；花丝紫色，长 2~5 mm；花药黄色，长 5~13 mm；药隔紫色，离生部分长 2~15 mm；子房圆锥状，单室，侧膜胎座，绿色；花柱紫色，长 2~3 mm，基部增大；柱头紫色或深红色，长 2~5 mm。蒴果圆锥状，绿色，直径 2~3.5 cm，熟时不规则开裂。种子椭圆形，外被红色多汁假种皮包裹。花期 4~5 月，果期 6~10 月。

地理分布：产于金秀、龙胜、罗城、龙州、靖西、那坡等地。

生境特点：生于海拔 700~2000 m 的山坡及沟谷中。

资源现状：分布区域较广但零星，资源量较少，种群数量有持续衰减的趋势。

濒危原因：人为过度采挖利用，生境丧失。

保护价值：根状茎具有重要的药用价值。

保护措施：加强就地保护与迁地保护；加大普法宣传力度，提高公众的保护意识。

海南重楼

Paris dunniana H. Lév.

国家二级保护

藜芦科 Melanthiaceae 重楼属 *Paris*

形态特征：多年生草本，高 1~3 m。根状茎粗壮，长 8~19 cm。茎绿色或深红色，无毛。叶在茎顶部轮生，5~8 片；叶片绿色，膜质，倒卵状长圆形，长 15~30 cm，宽 7.5~16 cm，先端锐尖。花单生，花梗直立，长 15~60 cm，绿色或紫色；萼片绿色，膜质，长圆状披针形，长 5~12 cm，宽 1.5~3.5 cm；花瓣黄绿色，丝状，长于萼片；雄蕊数为花瓣数的 3~4 倍，长 18~40 mm；花丝绿色，长 5~15 mm；花药黄色，长 12~25 mm，药隔离生部分长 1~4 mm；子房单室，侧膜胎座，卵球形，长约 8 mm，淡绿色或紫色，外侧具脊；花柱紫红色，长 1~3 mm，基部增大，柱头 5~8 裂，长约 5 mm，花后卷曲。蒴果近球形，淡绿色，直径 2.5~4 cm，熟时不规则开裂。种子多数，不规则球形，直径约 4 mm，被橙色假种皮包裹。花期 3~4 月，果期 10~11 月。

地理分布：产于上思、防城等地。

生境特点：生于海拔 400~1100 m 的沟谷中。

资源现状：种群分布零星，资源量有持续减少的趋势。

濒危原因：人为过度采挖利用，生境丧失，自然更新能力弱。

保护价值：根状茎具有重要的药用价值。

保护措施：加强就地保护与迁地保护；加大普法宣传力度，提高公众的保护意识。

球药隔重楼

Paris fargesii Franch.

国家二级保护

藜芦科 Melanthiaceae 重楼属 *Paris*

形态特征： 多年生草本。根状茎粗壮，长 8~20 cm，直径 1~4 cm。茎直立，圆柱形，绿色或略带紫色。叶在茎顶部轮生，4~6 片；叶片绿色，卵形或卵状长圆形，长 7.5~18 cm，宽 4~11.5 cm，先端渐尖，基部心形或圆形；基出侧脉 2~3 对；叶柄绿色或紫色，长 1.5~9.5 cm。花单生；花梗长 15~50 cm，绿色或略带紫色；萼片绿色，卵形、卵状披针形或披针形，长 3~5.5 cm，宽 0.8~2.5 cm，先端渐尖至尾状；花瓣黄绿色或紫黑色，线形，长 1.5~8 cm；雄蕊数为花瓣数的 2 倍，短，直立，长 6~7 mm；花丝长 1~3 mm；花药长 2~4 mm；药隔紫黑色，横向椭球形、近球形或短圆锥状；子房外面明显具棱，方柱形或五棱柱形，单室，侧膜胎座；花柱短，紫黑色，基部增大；柱头长 3~5 mm，开花时逐渐外卷。蒴果近球形，紫黑色或绿色，直径 1.5~3.5 cm，熟时沿纵向脊开裂；种子多数，直径约 3 mm，外被红色多汁的假种皮包裹。花期 3~4 月，果期 5~10 月。

地理分布： 产于右江、龙州、龙胜、上思、融水、天等、凌云、乐业、田林、环江等地。

生境特点： 生于海拔 600~1350 m 的山谷及灌木中。

资源现状： 种群分布区域较广但零星，资源量有持续减少的趋势。

濒危原因： 人为过度采挖利用，生境丧失，自然更新能力弱。

保护价值： 根状茎具有重要的药用价值。

保护措施： 加强就地保护与迁地保护；加大普法宣传力度，提高公众的保护意识。

狭叶重楼

Paris lancifolia Hayata

国家二级保护

藜芦科 Melanthiaceae 重楼属 *Paris*

形态特征： 多年生草本。根状茎粗壮，长 9~18 cm，直径 1~3 cm。茎绿色或紫色，直立，高 25~75 cm，无毛。叶在茎顶部轮生，10~15（20）片，无柄或近无柄；叶片绿色，膜质至纸质、线形、狭披针形、披针形、倒披针形或长圆状披针形，长 7~17 cm，宽 0.4~2 cm，先端锐尖或渐尖，基部楔形。花单生；花梗绿色或紫色，长 5~25 cm；萼片绿色，披针形，长 2~7 cm；花瓣丝形，常长于萼片；雄蕊数为花瓣数的 2 倍，长 6~24 mm；花丝绿色，长 3~10 mm；花药黄色，长 5~15 mm，药隔不明显；子房单室，侧膜胎座，紫色，平滑或具瘤，外面具 4~7 脊；花柱紫色，长 0~2 mm，基部增大，柱头紫色，长 4~10 mm，于果期外卷。蒴果绿色，近球形，直径 2~4.5 cm，熟时不规则开裂。种子多数，被红色多汁的假种皮包裹。花期 4~6 月，果期 6~10 月。

地理分布： 产于隆林、融水、龙胜、田林、环江等地。

生境特点： 生于海拔 1100~2000 m 的灌木、竹林及沟谷中。

资源现状： 种群分布区域较广但零星，资源量有持续减少的趋势。

濒危原因： 人为过度采挖利用，生境丧失，自然更新能力弱。

保护价值： 根状茎具有重要的药用价值。

保护措施： 加强就地保护与迁地保护；加大普法宣传力度，提高公众的保护意识。

李氏重楼

Paris liiana Y. H. Ji

国家二级保护

黎芦科 Melanthiaceae 重楼属 *Paris*

形态特征：多年生草本。根状茎粗壮，斜升或横走，外表皮黄褐色，内表皮白色，长 5~20 cm，直径 3~7 cm，根长可达 30 cm。茎直立，紫红色或绿色，圆柱形，高 50~150 cm。叶在茎顶部轮生，5~12 片；叶片绿色，椭圆形或长圆状倒卵形，长 20~30 cm，宽 8~15 cm，先端锐尖；基出侧脉 2 对；叶柄浅绿色，长 0.8~3 cm。花单生于茎顶端；花梗绿色或浅紫色，长 25~50 cm；萼片 5~10 枚，绿色，长圆形或倒卵状长圆形，长 2~7 cm；花瓣线形，绿色至黄绿色，先端稍宽至 2~3 mm，短于或稍长于萼片；雄蕊数为花瓣数的 2 倍；花丝黄绿色，长 3~6 mm；花药金黄色，长 1.5~4 mm，侧裂；子房单室，侧膜胎座，基部浅绿色，顶部紫红色，外面具 5~10 条脊；花柱紫红色，长 4~5 mm，基部增大；柱头深棕色，5~10 浅裂。蒴果近球形，绿色，顶部深红色或棕色。种子多数，外被红色多汁的假种皮包裹。花期 4~6 月，果期 6~10 月。

地理分布：产于隆林、平桂、昭平等地。

生境特点：生于海拔 800~2000 m 的常绿阔叶林下。

资源现状：种群分布区狭窄且分布零星，资源量有持续减少的趋势。

濒危原因：人为过度采挖利用，生境丧失。

保护价值：根状茎具有重要的药用价值。

保护措施：加强就地保护与迁地保护；加大普法宣传力度，提高公众的保护意识。

南重楼

Paris vietnamensis (Takhtajan) H. Li

国家二级保护

黎芦科 Melanthiaceae 重楼属 *Paris*

形态特征： 多年生草本。根状茎粗壮，外表皮棕色，内表皮白色，长 20~40 cm，直径 5~10 cm。茎绿色，圆柱形，高 30~150 cm。叶在茎顶部轮生，4~7 片；叶片绿色，膜质，长圆形、倒卵状长圆形和倒卵形，长 10~30 cm，宽 5~15 cm，先端渐尖，基部圆形至宽楔形；基出侧脉 2 对；叶柄紫色，长 3.5~10 cm。花单生；萼片绿色，披针形或长圆状披针形，长 3~10 cm，宽 1~4 cm；花瓣黄绿色，丝状或线形，长 3.5~10 cm，宽 0.5~3.5 mm，长于或等长于萼片；雄蕊数为花瓣数的 2~3 倍；花丝紫色，长 4~10 mm；花药棕色，长 8~13 mm，侧裂；药隔紫色，长 1~4 mm；子房单室，侧膜胎座，淡紫色或偶有绿色，外面具 4~7 脊；花柱青紫色，不明显，基部增厚；柱头 4~7 裂，长 5~10 mm，外卷。蒴果淡绿色，直径 2.5~4 cm，顶部紫红色，熟时沿纵向脊开裂。种子多数，近球形，直径 3~6 mm，被橙色假种皮包裹。花期 1~3 月，果期 4~12 月。

地理分布： 产于昭平、罗城、德保等地。

生境特点： 生于海拔 600~1500 m 的山坡及灌木中。

资源现状： 种群分布零星，资源量有持续减少的趋势。

濒危原因： 人为过度采挖利用，生境丧失。

保护价值： 根状茎具有重要的药用价值。

保护措施： 加强就地保护与迁地保护；加大普法宣传力度，提高公众的保护意识。

滇重楼 宽瓣重楼、云南重楼

Paris yunnanensis Franch.

国家二级保护

藜芦科 Melanthiaceae 重楼属 *Paris*

形态特征： 多年生草本。根状茎粗壮，长 7~15 cm，直径 1.5~6 cm。茎绿色，高 25~100 cm，无毛，下部紫色，上部黄绿色。叶在茎顶部轮生，5~11 片；叶片卵形、倒卵形、长圆形或倒卵状长圆形，先端锐尖至渐尖，基部楔形至圆形；叶柄紫色或绿色。花单生；花梗绿色或紫色；萼片黄绿色，披针形；花瓣黄色或偶有紫色，线形，长于或等长于萼片；雄蕊数为花瓣数的 2 倍，2 轮；花丝黄绿色；花药黄色，侧裂；药隔不明显；子房单室，侧膜胎座，绿色，平滑或具瘤，外面具 4~7 脊；花柱紫色；柱头紫色，果期外卷。蒴果绿色，近球形，直径 1.5~7.5 cm，熟时不规则开裂。种子多数，卵球形，被红色多汁的假种皮包裹。花期 4~6 月，果期 6~10 月。

地理分布： 产于乐业、龙胜等地。

生境特点： 生于海拔 1000~2000 m 的山谷密林下。

资源现状： 种群分布零星，资源量有持续减少的趋势。

濒危原因： 人为过度采挖利用，生境丧失，自然更新能力弱。

保护价值：《中华人民共和国药典》收载的中药"重楼"基原之一，具有重要的药用价值。

保护措施： 加强就地保护与迁地保护；加大普法宣传力度，提高公众的保护意识。

灰岩金线兰

Anoectochilus calcareus Aver.

兰科 Orchidaceae 金线兰属 *Anoectochilus*

国家二级保护

形态特征：植株高约 15 cm。茎具 3~4 片叶。叶片卵形，长约 7 cm，先端急尖，腹面灰棕色至黑色；具银色网状脉纹。花序梗长 8~12 cm，被毛，上部稍稀疏着生 10 多朵花；萼片浅绿色，疏被毛，中萼片阔卵形，长 4~5 mm，侧萼片卵形，长 6~7 mm；花瓣从基部到先端浅绿色至白色，近镰形；唇瓣白色，长 13~15 mm，前部 2 裂呈 "Y" 形，中部具爪；唇瓣裂片倒卵形，全缘，长 5~6 mm，宽 2.5~3 mm；爪长 4~5 mm，两侧具 10~15 对不整齐的细齿；基部圆锥形囊距呈红褐色并具 2 个胼胝体；药帽棕红色。花期 6~7 月。

地理分布：产于环江、龙州、大新、靖西、那坡等地。

生境特点：生于石灰岩疏林下的岩石缝隙中。

资源现状：种群分布区域较广，但种群数量稀少。

濒危原因：野生资源稀少，人为过度采集利用。

保护价值：珍贵的种质资源，具有药用价值。

保护措施：就地保护与迁地保护相结合；加大普法宣传力度，提高公众的保护意识。

麻栗坡金线兰 麻栗坡开唇兰

Anoectochilus malipoensis W. H. Chen & Y. M. Shui

国家二级保护

兰科 Orchidaceae 金线兰属 *Anoectochilus*

形态特征：植株高约 15 cm。根状茎匍匐，具长 2.6~2.7 cm 的节间。茎直立，长 8~10 cm。叶 3~4 片；叶柄长 1~1.2 cm，腹面具银色丝网状脉纹，背面紫红色。花序顶生，长约 7 cm，具 2~4 朵不扭转的花；萼片紫红色，花瓣和唇瓣白色；花葶被白色毛；苞片披针形；中萼片卵形；侧萼片呈偏斜的椭圆状披针形，基部围抱唇瓣；花瓣镰状披针形；唇瓣附着于蕊柱基部，下唇具 1 个圆锥形的距，正面稍 2 裂，两侧边缘各具 1 枚偏斜的、近方形的、先端具锯齿的裂片；前唇顶端深 2 裂，裂片倒卵形；距长 6~7 mm，内面具 2 个胼胝体；蕊柱长约 5 mm，腹面具 2 枚蕊柱翅。花期 7~8 月。

地理分布：产于那坡。

生境特点：生于海拔 1500~1650 m 的常绿阔叶林下。

资源现状：在广西仅有 1 个分布点，种群数量非常稀少。

濒危原因：对生长环境要求较高，生长缓慢，人为过度采集利用。

保护价值：珍贵的种质资源，具有药用价值。

保护措施：就地保护与迁地保护相结合；加大普法宣传力度，提高公众的保护意识。

南丹金线兰

Anoectochilus nandanensis Y. Feng Huang & X. C. Qu

国家二级保护

兰科 Orchidaceae 金线兰属 *Anoectochilus*

形态特征：植株高 9~15 cm。匍匐茎淡红色，较粗，表面光滑，呈半透明，肉质；直立茎呈圆柱形，红棕色。单叶互生；叶片卵状心形，腹面为深绿色，具金黄色或银色脉纹，中脉明显，边缘两条叶脉间细脉平行，少数伸至叶尖，背面淡紫红色或棕红色；叶柄基部扩大成抱茎的鞘。总状花序具 1~5 朵花；花苞片被毛，淡紫红色；子房连同花梗长约 1 cm；花不倒置；中萼片近舟状；侧萼片长椭圆形；花瓣斜镰形，白色；唇瓣白色，呈"Y"形，基部具圆锥状距，前部扩大且 2 裂；距呈棕红色，末端 2 浅裂，与子房近垂直，内侧具 2 个肉质胼胝体。花期 7~8 月。

地理分布：产于南丹、环江、乐业、东兰等地。

生境特点：生于海拔 500~800 m 的疏林下。

资源现状：种群分布范围较小，个体数量稀少。

濒危原因：对生长环境要求较高，且生长过程缓慢，人为过度采集利用。

保护价值：珍贵的种质资源，具有药用价值。

保护措施：就地保护与迁地保护相结合；加大普法宣传力度，提高公众的保护意识。

金线兰 花叶开唇兰

Anoectochilus roxburghii (Wall.) Lindl.

国家二级保护

兰科 Orchidaceae 金线兰属 *Anoectochilus*

形态特征： 植株高 8~18 cm。叶 3~4 片；叶片卵圆形或卵形，长 1.3~3.5 cm，宽 1~3 cm，腹面暗紫色或黑紫色，具金红色带绢丝光泽的美丽脉纹，背面淡红色。总状花序具花 2~6 朵；花序轴淡红色，被毛；花序梗亦被毛；花苞片淡红色；花白色或淡红色，不倒置，唇瓣位于上方；萼片背面被毛，中萼片卵形，与花瓣黏合成兜状，侧萼片为偏斜的近长圆形或长圆状椭圆形；花瓣近镰状；唇瓣呈"Y"形，裂片近长圆形或近楔状长圆形，中部收狭成爪，其两侧各具 6~8 条长 4~6 mm 的流苏状细裂条，基部具距；距圆锥形，长 5~6 mm，上举，末端指向唇瓣，2 浅裂，距内近口部具 2 个近四方形的胼胝体；柱头 2 裂，离生，位于蕊喙基部两侧；子房被毛。花期 10~12 月。

地理分布： 产于阳朔、融水、鹿寨、金秀、象州、凤山、隆安、龙州、宾阳、武鸣、防城、那坡、上思、昭平、蒙山、苍梧、桂平、平南等地。

生境特点： 生于海拔 200~1000 m 的山坡或沟谷密林下阴湿处。

资源现状： 种群分布区域广，但个体数量较少。

濒危原因： 人为过度采集利用。

保护价值： 珍贵的种质资源，具有药用价值。

保护措施： 就地保护与迁地保护相结合；加大普法宣传力度，提高公众的保护意识。

浙江金线兰 浙江开唇兰

Anoectochilus zhejiangensis Z. Wei & Y. B. Chang

国家二级保护

兰科 Orchidaceae 金线兰属 *Anoectochilus*

形态特征： 植株高 8~16 cm。叶 2~6 片；叶片宽卵状卵圆形，腹面天鹅绒状，绿紫色，具金红色带绢丝光泽的美丽脉纹，背面略带淡红色。总状花序具花 1~4 朵，花序轴和花序梗均被毛；花苞片绿色；花不倒置，唇瓣位于上方；萼片淡红色，背面被毛，近等长；中萼片卵形，凹陷，与花瓣黏合成兜状，侧萼片为稍偏斜的长圆形；花瓣白色；唇瓣白色，呈"Y"形，裂片为斜的倒三角形，中部收狭成爪，两侧各具 1 枚鸡冠状褶片，基部具距；距圆锥形，长约 6 mm，向唇瓣方向翘起几呈"U"形，末端 2 浅裂；距内具 2 个瘤状胼胝体，胼胝体着生于距中部；柱头 2 裂，位于蕊柱前面基部两侧；子房被毛。花期 7~8 月。

地理分布： 产于龙胜、平桂、那坡、环江等地。

生境特点： 生于海拔约 900 m 的山坡或沟谷密林下阴湿处。

资源现状： 种群分布区域较广，但个体数量少。

濒危原因： 对生长环境要求较高，且生长缓慢；人为过度采集利用。

保护价值： 珍贵的种质资源，具有药用价值。

保护措施： 就地保护与迁地保护相结合；加大普法宣传力度，提高公众的保护意识。

白及 白芨

Bletilla striata (Thunb.) Rchb. f.

国家二级保护

兰科 Orchidaceae 白及属 *Bletilla*

形态特征： 植株高 18~60 cm。假鳞茎扁球形，较大。茎粗壮，劲直。叶 4~6 片；叶片长圆状披针形或狭长圆形，长 8~30 cm，宽 1.5~4 cm。花大，紫红色或淡红色；萼片与花瓣近等长，长 25~30 mm，宽 6~8 mm；唇瓣倒卵状椭圆形，长 23~28 mm，3 裂，侧裂片伸至中裂片的 1/3 以上，先端稍钝，中裂片倒卵形或近四方形，边缘具波状齿；唇盘上的 5 枚纵脊状褶片仅在中裂片上呈波状；蕊柱长 18~20 mm。花期 3~5 月。

地理分布： 产于龙胜、资源、永福、全州、融水、环江、凌云、乐业、隆林、靖西、那坡、容县等地。

生境特点： 生于海拔 800~1000 m 的山坡林下、沟边或草丛中。

资源现状： 种群分布区域广，但分布零散。

濒危原因： 人为过度采挖利用；适生生境遭破坏。

保护价值： 珍贵的种质资源，具药用价值和观赏价值。

保护措施： 就地保护与迁地保护相结合；加大普法宣传力度，提高公众的保护意识。

钩状石斛

Dendrobium aduncum Wall. ex Lindl.

兰科 Orchidaceae 石斛属 *Dendrobium*

国家二级保护

形态特征： 茎下垂，细圆柱形，长50~100 cm，直径2~5 mm。叶片长圆形，先端急尖而钩转。总状花序数个，从上一年生已落叶或具叶的茎上部发出；花序轴纤细，长1.5~4 cm，疏生1~6朵花；花序梗长5~10 mm；花开展，直径3~4 cm；萼片和花瓣均呈淡粉红色；中萼片长圆状披针形，先端锐尖，侧萼片斜卵状三角形，与中萼片等长而较宽，先端急尖；唇瓣白色，后部凹陷成半球状，前部骤然收狭成短尾状并反卷，基部具短爪，上面除爪和唇盘外两侧密被白色短毛，近基部具1个绿色的方形胼胝体。花期5~6月。

地理分布： 产于永福、上思、平南、右江、靖西、那坡、凌云、乐业、田林、西林、昭平、东兰、环江、金秀、龙州、大新等地。

生境特点： 附生于山地常绿阔叶林中的树干上或岩石上。

资源现状： 种群分布区域广，但个体数量少。

濒危原因： 人为过度采集利用，生境丧失。

保护价值： 具药用价值和观赏价值。

保护措施： 就地保护与迁地保护相结合；加大普法宣传力度，提高公众的保护意识。

滇金石斛

Dendrobium albopurpurum (Seidenf.) Schuit. & P. B. Adams

国家二级保护

兰科 Orchidaceae 石斛属 *Dendrobium*

形态特征： 根状茎匍匐，每相距 3~6 个节间发出 1 条茎。茎黄色或黄褐色，通常下垂，多分枝；第一级分枝之下的茎长 2~12 cm，具 2~4 个节间。假鳞茎金黄色，稍扁纺锤形，长 3~8 cm，粗 7~20 mm，具 1 个节间，顶生 1 片叶。叶片革质，长圆形或长圆状披针形，长 9~19.5 cm，宽 2~3.6 cm，先端钝且微 2 裂，基部收狭为极短的柄。花序出自叶腋和叶基部的远轴面一侧，具 1~2 朵花；花质地薄，开放仅半天就凋谢；萼片和花瓣均白色；中萼片长圆形，侧萼片斜卵状披针形，萼囊与子房相交成直角；花瓣狭长圆形，先端急尖；唇瓣白色，长 1.2 mm，3 裂；侧裂片（后唇）内面密布紫红色斑点，直立，近卵形，先端圆钝，摊平后两侧裂片先端之间宽约 7 mm；中裂片（前唇）长约 5 mm，上部扩大，呈扇形，宽 7 mm，先端稍凹缺，凹口中央具 1 个短突，后侧边缘褶皱状；唇盘从后唇至前唇基部具 2 条密布紫红色斑点的褶脊，褶脊在后唇上面平直，在前唇上面呈深紫色并变宽呈皱波状；蕊柱粗短，正面白色且密布紫红色斑点。花期 6~7 月。

地理分布： 产于那坡、靖西、龙州、凌云、乐业等地。

生境特点： 附生于疏林树干上或岩石上。

资源现状： 种群分布零星，数量较少。

濒危原因： 生境受人为干扰，被过度采集利用。

保护价值： 具药用价值和观赏价值。

保护措施： 就地保护与迁地保护相结合；加大普法宣传力度，提高公众的保护意识。

[注] 中文名以"金石斛"命名的物种并非传统的石斛属植物，在我国以往相关志书中该类植物被置于金石斛属（*Flickingeria*），最新的分类修订才并入石斛属。金石斛类植物形态及习性与一些石斛植物近似，在民间也常被混用，其生境和野生资源也面临威胁。金石斛类植物开花时间短暂且易凋落，而缺少花则难以准确鉴定。滇金石斛与流苏金石斛（*Dendrobium plicatile*）、同色金石斛（*D. concolor*）三者的植株形态比较接近，且资料记载广西均产，但也可能存在混淆问题，需深入野外观察解决。

宽叶厚唇兰

Dendrobium amplum Lindl.

国家二级保护

兰科 Orchidaceae 石斛属 *Dendrobium*

形态特征： 根状茎粗 4~6 mm，通常分枝，密被多枚筒状鞘。鞘栗色，纸质，长约 2 cm，先端钝，具多数明显的纵脉。假鳞茎在根状茎上疏生，彼此相距 3~14 cm，卵形或椭球形，长 2~5 cm，粗 7~20 mm，被鳞片状的大型膜质鞘所包，干后金黄色，顶生 2 片叶。叶片革质，椭圆形或长圆状椭圆形，长 6~22.5 cm，宽达 5.5 cm，先端几钝尖且稍凹入，基部收狭成长达 3 cm 的柄。花序顶生于假鳞茎，远比叶短，具 1 朵花；花序梗长 1.5~2 cm，被 2 枚鞘所包；鞘呈长圆形，膜质，长约为花序梗的 2 倍，宽达 1.2 cm；花苞片长 1~1.7 cm；花梗连同子房长 4.5~5 cm；花大，开展，具黄绿色带深褐色斑点；中萼片披针形，长约 4.5 cm，中部宽 8 mm，先端急尖；侧萼片镰状披针形，与中萼片等长，基部较宽，11~15 mm，先端急渐尖；花瓣披针形，等长于萼片，基部宽 6 mm，先端急渐尖；唇瓣基部无爪，长约 26 mm，3 裂；侧裂片短小，直立，先端近圆形；中裂片近菱形，较长，长约 6 mm，与两侧裂片先端之间（摊平后）的宽几乎相等，先端近急尖；唇盘（在两侧裂片之间）具 3 条褶片，其中央 1 条较长；蕊柱粗壮，长约 15 mm。花期 11 月。

地理分布： 产于上思、靖西、那坡、龙州、大新、宁明等地。

生境特点： 附生于疏林树干上或岩石上。

资源现状： 种群分布零星，数量较少。

濒危原因： 生境受人为干扰，被采集利用。

保护价值： 具有药用价值和观赏价值。

保护措施： 就地保护与迁地保护相结合；加大普法宣传力度，提高公众的保护意识。

［注］中文名以"厚唇兰"命名的物种并非传统的石斛属植物，在我国以往相关志书中该类植物被置于厚唇兰属（*Epigeneium*），最新的分类修订才并入石斛属。厚唇兰类植物中有些种类的形态及习性与一些石斛植物近似，有些种类则与贝母兰属（*Coelogyne*）近似，在民间也常被采集利用，其生境及野生资源也面临威胁。宽叶厚唇兰的假鳞茎顶生 2 片叶，具类似特征的在广西还记载有双叶厚唇兰（*Dendrobium rotundatum*）、景东厚唇兰（*D. fuscescens*），但后二者在近年野外工作中并没有发现，其分类存疑问题有待进一步观察研究。

狭叶金石斛

Dendrobium angustifolium (Bl.) Lindl.

国家二级保护

兰科 Orchidaceae 石斛属 *Dendrobium*

形态特征： 根状茎匍匐，多分枝，每相距 3~5 个节间发出 1 条茎。茎纤细，通常多分枝；第一级分枝之下的茎长约 6 cm，具 3 个节间。假鳞茎绿色或褐色至金黄色，长 3~3.5 cm，直径 4~7 mm，具 1 个节间，顶生 1 片叶。叶片革质，狭披针形，长 5~10 cm，宽 8~12 mm，先端锐尖且微 2 裂。花序通常仅具单朵花，生于叶基部的背侧；花质地薄，仅开放半天；萼片和花瓣均呈淡黄色带褐紫色条纹；唇瓣长 1 cm，3 裂；侧裂片（后唇）除边缘浅白色外其余紫色，直立，先端近圆形，两侧裂片先端之间的宽约 5 mm；中裂片（前唇）橘黄色，近倒卵形，长 5 mm，边缘平直，全缘，前部深 2 裂，裂口中央具 1 枚短突；唇盘具 2 枚从中裂片基部延伸至近先端的高褶片。花期 6~7 月。

地理分布： 产于龙州、宁明、靖西、德保等地。

生境特点： 附生于疏林树干上或岩石上。

资源现状： 种群分布零星，数量稀少。

濒危原因： 生境受人为干扰，被过度采集利用。

保护价值： 具药用价值和观赏价值。

保护措施： 就地保护与迁地保护相结合；加大普法宣传力度，提高公众的保护意识。

兜唇石斛

Dendrobium aphyllum (Roxb.) C. E. C. Fishcher

国家二级保护

兰科 Orchidaceae 石斛属 *Dendrobium*

形态特征： 茎肉质，下垂，细圆柱形。叶片纸质，披针形或卵状披针形，先端渐尖；叶鞘干后变白色，鞘口呈杯状张开。总状花序无明显的花序轴，具花 1~3 朵；花序梗长 2~5 mm；花开展，直径约 4 cm；萼片和花瓣均呈白色带淡紫红色先端，有时全体淡紫红色；花瓣几相等于或大于萼片；唇瓣宽倒卵形或近圆形，两侧向上围抱蕊柱而成喇叭形，基部两侧具紫红色条纹；唇盘前半部淡黄色，后半部淡紫红色，两面密布短柔毛。花期 3~4 月。

地理分布： 产于乐业、西林、隆林、环江等地。

生境特点： 附生于山坡或河谷疏林中的树干上。

资源现状： 种群分布区域狭窄且零星，个体数量少。

濒危原因： 人为过度采集利用，生境丧失。

保护价值： 具药用价值和观赏价值。

保护措施： 就地保护与迁地保护相结合；加大普法宣传力度，提高公众的保护意识。

红头金石斛

Dendrobium calocephala (Z. H. Tsi & S. C. Chen) Schuit. & P. B. Adams

国家二级保护

兰科 Orchidaceae 石斛属 *Dendrobium*

形态特征： 根状茎匍匐，每 7~10 个节发出 1 条茎。茎下垂或斜出；第一级分枝之下的茎长 25 cm，具 3~4 个节。假鳞茎近圆柱形，长 4~6.3 cm，直径 7~9 mm，具 1 个节间，顶生 1 片叶。叶片革质，狭长圆形，长 8.5~12.5 cm，宽 1.4~1.6 cm，先端渐尖。花序出自叶腋和叶基部的远轴面一侧，通常具 1~2 朵花；花仅开放半天，随后凋谢；萼片和花瓣均近柠檬黄色，中部以上向外反卷；中萼片卵状长圆形，侧萼片斜卵状三角形，与中萼片等长；萼囊几与子房相交成直角；花瓣狭长圆形，先端急尖；唇瓣整体轮廓倒卵形，基部楔形，长 12 mm，3 裂；侧裂片（后唇）淡橘红色，直立，倒卵形，先端圆形，摊平后两侧裂片先端之间宽 7 mm；中裂片（前唇）长约 4.5 mm，前部橘红色，呈 "V" 形，摊平后呈扇形，前端宽 10 mm；唇盘从后唇基部沿前唇基部边缘具 2 条棕红色而稍带波状的褶脊，而褶脊在前唇的基部呈皱波状或小鸡冠状；蕊柱长约 3 mm。花期 6~7 月。

地理分布： 产于那坡、靖西、环江、乐业等地。

生境特点： 附生于疏林树干上或岩石上。

资源现状： 种群分布零星，数量少。

濒危原因： 生境受人为干扰，被过度采集利用。

保护价值： 具药用价值和观赏价值。

保护措施： 就地保护与迁地保护相结合；加大普法宣传力度，提高公众的保护意识。

束花石斛 金兰、马鞭草

Dendrobium chrysanthum Wall. ex Lindl.

国家二级保护

兰科 Orchidaceae 石斛属 *Dendrobium*

形态特征：茎下垂，肉质，粗壮，圆柱形，直径 5~15 mm。叶大，互生于整个茎上，质地薄；叶片长圆状披针形，先端锐尖；叶鞘纸质，干后变浅白色。伞形花序几无花序梗，每 2~6 朵为一束侧生于当年生具叶的茎上部；花金黄色，近肉质，直径约 3 cm；萼片近长圆形，凹，先端钝；侧萼片呈斜的卵状三角形，凹，与中萼片等大，基部稍斜歪而较宽；花瓣倒卵形，稍凹，比萼片大，边缘全缘或有时具细啮蚀状；唇瓣不裂，凹，横长圆形，两面密布短毛；唇盘两侧各具 1 个栗色斑块。花期 9~10 月。

地理分布：产于右江、德保、靖西、那坡、凌云、乐业、田林、隆林、南丹、环江等地。

生境特点：附生于山地密林中的树干上或岩石上。

资源现状：种群分布区域广但零星，数量稀少。

濒危原因：人为过度采集利用，生境丧失。

保护价值：具药用价值和观赏价值。

保护措施：就地保护与迁地保护相结合；加大普法宣传力度，提高公众的保护意识。

叠鞘石斛 紫斑金兰

Dendrobium denneanum Kerr

国家二级保护

兰科 Orchidaceae 石斛属 *Dendrobium*

形态特征： 茎通常直立，质地坚实，圆柱形，上部常弯曲，长 30 cm 以上，直径 4~10 mm，不分枝。叶片革质，卵状披针形或长圆形，先端钝且不等侧 2 裂或有时锐尖。总状花序侧生于上一年生落叶后的茎上，长达 10 cm，具 2~7 朵花；花序梗基部套叠 3~4 枚大型的鞘；花橘黄色，开展，直径 4~5 cm；花瓣宽椭圆状倒卵形，比萼片大，先端钝；唇瓣近圆形，直径约 2.5 cm，上面中央具 1 个紫色斑块并密布短毛。

地理分布： 产于德保、靖西、那坡、凌云、乐业、隆林、凤山、环江等地。

生境特点： 附生于山地疏林中的树干上或沟谷岩石上。

资源现状： 种群分布区域广但零星，数量稀少。

濒危原因： 人为过度采集利用，生境丧失。

保护价值： 具药用价值和观赏价值。

保护措施： 就地保护与迁地保护相结合；加大普法宣传力度，提高公众的保护意识。

密花石斛

Dendrobium densiflorum Lindl. ex Wall.

国家二级保护

兰科 Orchidaceae 石斛属 *Dendrobium*

形态特征: 茎粗壮,常棒状或纺锤形,具 4 条棱,少有圆柱形带多数细条棱的,干后淡褐色并带光泽。叶近顶生,3~4 片;叶片长圆状披针形,长达 17 cm,先端尖,基部不下延为抱茎的鞘。总状花序下垂,密生许多花;花苞片干膜质,干后席卷;花中等大,直径约 3 cm,萼片和花瓣均呈淡黄色,唇瓣金黄色,两面密布短绒毛。花期 4~5 月。

地理分布: 产于融水、防城、上思、桂平、容县、环江、金秀等地。

生境特点: 附生于常绿阔叶林中的树干上或山谷岩石上。

资源现状: 种群分布区域广但零星,数量稀少。

濒危原因: 人为过度采集利用,生境丧失。

保护价值: 具药用价值和观赏价值。

保护措施: 就地保护与迁地保护相结合;加大普法宣传力度,提高公众的保护意识。

齿瓣石斛

Dendrobium devonianum Paxt.

国家二级保护

兰科 Orchidaceae 石斛属 *Dendrobium*

形态特征：茎下垂，稍肉质，细圆柱形，不分枝，具多数节。叶纸质，2 列互生于整个茎上；叶片狭卵状披针形，基部具抱茎的鞘；叶鞘常具紫红色斑点。总状花序常数个，出自落了叶的老茎上，每个具 1~2 朵花；花序梗基部具 2~3 枚干膜质的鞘；花苞片卵形；花开展，具香气；中萼片白色，上部具紫红色晕；侧萼片与中萼片同色，相似而等大，但基部稍歪斜；萼囊近球形；花瓣与萼片同色，卵形，边缘具短流苏；唇瓣白色，前部紫红色，中部以下两侧具紫红色条纹，近圆形，边缘具复式流苏，上面密布短毛；唇盘两侧各具 1 个黄色斑块；蕊柱白色，前面两侧具紫红色条纹；药帽白色，近圆锥形，顶端稍凹，密布细乳突，前端边缘具不整齐的齿。花期 4~5 月。

地理分布：产于德保、靖西、那坡、乐业、隆林、金秀等地。

生境特点：附生于海拔 800~1850 m 的山地密林中树干上。

资源现状：种群分布区域较广但零星，数量较稀少。

濒危原因：人为过度采集利用，生境丧失。

保护价值：具药用价值和观赏价值。

保护措施：就地保护与迁地保护相结合；加大普法宣传力度，提高公众的保护意识。

串珠石斛

Dendrobium falconeri Hook.

国家二级保护

兰科 Orchidaceae 石斛属 *Dendrobium*

形态特征： 茎下垂，细圆柱形，在分枝的节上通常肿大成念珠状。叶常 2~5 片，互生于分枝的上部；叶片狭披针形，基部具鞘；叶鞘通常呈水红色，筒状。总状花序常缩减为 1 朵花，花大，开展，质地薄，很美丽；萼片淡紫色或红色带深色先端；花瓣白色，卵状菱形；唇瓣白色带紫色先端，基部两侧黄色，卵状菱形；唇盘上面密布短毛。花期 5~6 月。

地理分布： 产于临桂、灵川、靖西、那坡、田林、乐业等地。

生境特点： 附生于海拔 800~1900 m 的山谷岩石上或密林中树干上。

资源现状： 种群分布区域较窄且零星，数量稀少。

濒危原因： 人为过度采集利用，生境丧失。

保护价值： 具药用价值和观赏价值。

保护措施： 就地保护与迁地保护相结合；加大普法宣传力度，提高公众的保护意识。

单叶厚唇兰

Dendrobium fargesii Finet

国家二级保护

兰科 Orchidaceae 石斛属 *Dendrobium*

形态特征：根状茎匍匐，在每相距约 1 cm 处生 1 条假鳞茎。假鳞茎斜立，一侧多少鼓胀，中部以下贴伏于根状茎，近卵形，长约 1 cm，直径 3~5 mm，顶生 1 片叶。叶片厚革质，干后栗色，卵形或宽卵状椭圆形，长 1~2.3 cm，宽 7~11 mm，先端圆形而中央凹入，基部收狭，近无柄或楔形收窄成短柄。花序生于假鳞茎顶端，具单朵花；花苞片膜质，卵形；花梗连同子房长约 7 mm；花不甚张开，萼片和花瓣均呈淡粉红色；中萼片卵形，长约 1 cm，宽 6 mm，先端急尖；侧萼片斜卵状披针形，长约 1.5 cm，宽 6 mm，先端急尖，基部贴生在蕊柱足上形成明显的萼囊，萼囊长约 5 mm；花瓣卵状披针形，比侧萼片小，先端急尖；唇瓣几乎白色，小提琴状，长约 2 cm，前后唇等宽，宽约 11 mm；后唇两侧直立；前唇伸展，近肾形，先端深凹，边缘多少波状；唇盘具 2 条纵向的龙骨脊；蕊柱粗壮，长约 5 mm。花期 4~5 月。

地理分布：产于横州、临桂、龙胜、平南、平桂、昭平、金秀等地。

生境特点：附生于疏林树干上或岩石上。

资源现状：种群分布零星，数量少。

濒危原因：生境受人为干扰，被采集利用。

保护价值：具药用价值和观赏价值。

保护措施：就地保护与迁地保护相结合；加大普法宣传力度，提高公众的保护意识。

流苏石斛

Dendrobium fimbriatum Hook.

国家二级保护

兰科 Orchidaceae 石斛属 *Dendrobium*

形态特征：茎粗壮，斜立或下垂，圆柱形或有时基部上方稍呈纺锤形，不分枝，具多个节，节间长 3.5~4.8 cm。叶 2 列；叶片革质，长圆形或长圆状披针形，基部具紧抱于茎的革质鞘。总状花序长 5~15 cm，疏生 6~12 朵花；花序梗基部被数枚套叠的鞘；花梗连同子房均呈浅绿色；花金黄色，开展，稍具香气；中萼片长圆形，边缘全缘；侧萼片卵状披针形，与中萼片等长而稍狭，基部歪斜，边缘全缘；花瓣长圆状椭圆形；唇瓣近圆形，基部两侧具紫红色条纹，边缘具复流苏，唇盘具 1 个新月形横生的深紫色斑块，上面密布短绒毛；药帽黄色，圆锥形，光滑，前端边缘具细齿。花期 4~6 月。

地理分布：产于武鸣、融水、靖西、那坡、凌云、乐业、田林、隆林、南丹、天峨、东兰、环江、天等、龙州等地。

生境特点：附生于海拔 600~1700 m 的林中树上或山谷中的潮湿岩石上。

资源现状：种群分布区域广，数量较多。

濒危原因：人为过度采集利用，生境丧失。

保护价值：具药用价值和观赏价值。

保护措施：就地保护与迁地保护相结合；加大普法宣传力度，提高公众的保护意识。

曲轴石斛

Dendrobium gibsonii Lindl.

兰科 Orchidaceae　石斛属 *Dendrobium*

国家二级保护

形态特征： 茎斜立或悬垂，质地硬，圆柱形，上部有时稍弯曲，不分枝，具多个节，节间具纵槽。叶革质，2 列互生；叶片长圆形或近披针形，基部具纸质鞘。总状花序出自落了叶的老茎上部，常下垂；花序轴暗紫色，常折曲，疏生数朵至 10 余朵花；花梗基部被4~5 枚筒状或杯状套叠的鞘；花苞片披针形，凹成舟状；花梗连同子房长 2.5~3.5 cm；花橘黄色，开展；中萼片椭圆形；侧萼片长圆形，基部歪斜；萼囊近球形；花瓣近椭圆形，边缘全缘，具 5 条脉；唇瓣近肾形；唇盘两侧各具 1 个圆形栗色或深紫色斑块，上面密布细乳突状毛，边缘具短流苏；药帽淡黄色，近半球形，无毛，前端边缘微啮蚀状。花期 6~7 月。

地理分布： 产于靖西、那坡、环江等地。

生境特点： 附生于海拔 800~1000 m 的山地疏林中树干上。

资源现状： 种群分布区域较窄且零星，数量稀少。

濒危原因： 人为过度采集利用，生境丧失。

保护价值： 具药用价值和观赏价值。

保护措施： 就地保护与迁地保护相结合；加大普法宣传力度，提高公众的保护意识。

海南石斛

Dendrobium hainanense Rolfe

国家二级保护

兰科 Orchidaceae 石斛属 *Dendrobium*

形态特征: 茎质地硬，直立或斜立，扁圆柱形，不分枝，具多个节；节间稍呈棒状，长约 1 cm。叶厚肉质，2 列互生；叶片半圆柱形，先端钝，基部扩大成抱茎的鞘，中部以上向外弯。花小，白色，单生于落了叶的茎上部；花苞片膜质，卵形；花梗连同子房均纤细；中萼片卵形；侧萼片卵状三角形，基部极歪斜；萼囊长约 10 mm，弯曲向前；花瓣狭长圆形，先端急尖，具 1 条脉；唇瓣倒卵状三角形，先端凹缺，前端边缘波状，基部具爪；唇盘中央具 3 条较粗的脉纹从基部到达中部；蕊柱长 1~1.5 mm，具长约 1 cm 的蕊柱足。花期通常 9~10 月。

地理分布: 产于上思、防城、北流等地。

生境特点: 附生于海拔 400~1700 m 的山地林中树干上。

资源现状: 种群分布区域较窄且零星，数量稀少。

濒危原因: 人为过度采集，生境丧失。

保护价值: 具药用价值和观赏价值。

保护措施: 就地保护与迁地保护相结合；加大普法宣传力度，提高公众的保护意识。

细叶石斛

Dendrobium hancockii Rolfe

国家二级保护

兰科 Orchidaceae 石斛属 *Dendrobium*

形态特征：茎直立，质地较硬，圆柱形或有时基部上方有数个节间膨大成纺锤形，通常分枝，具纵槽或条棱，分节。叶互生于主茎和分枝的上部；叶片狭长圆形，基部具革质鞘。总状花序具 1~2 朵花；花苞片卵形；花梗连同子房均淡黄绿色；花质地厚，稍具香气，开展，金黄色，仅唇瓣侧裂片内侧具少数红色条纹；中萼片卵状椭圆形；侧萼片卵状披针形，与中萼片等长，但稍狭；萼囊短圆锥形；花瓣斜倒卵形或近椭圆形，与中萼片等长而较宽；唇瓣长宽相等，基部具 1 个胼胝体，中部 3 裂；侧裂片围抱蕊柱；中裂片近扁圆形或肾状圆形；唇盘通常浅绿色，从两侧裂片之间到中裂片上密布短乳突状毛；药帽斜圆锥形，表面光滑，前面具 3 条脊，前端边缘具细齿。花期 5~6 月。

地理分布：产于靖西、那坡、乐业、田林、隆林、环江等地。

生境特点：附生于海拔 700~1500 m 的山地林中树干上或山谷岩石上。

资源现状：种群分布区域较窄且零星，数量稀少。

濒危原因：人为过度采集利用，生境丧失。

保护价值：具药用价值和观赏价值。

保护措施：就地保护与迁地保护相结合；加大普法宣传力度，提高公众的保护意识。

河南石斛

Dendrobium henanense J. L. Lu & L. X. Gao

兰科 Orchidaceae 石斛属 *Dendrobium*

国家二级保护

形态特征： 茎直立。叶 2~4 片生于茎上部；叶片近革质，矩圆状披针形，先端钝并略钩转，基部具叶鞘；叶鞘筒状，膜质，抱茎，宿存。总状花序侧生于上一年生且无叶的茎端，单花或双花；花序梗长约 5 mm，基部具数枚覆瓦状排列的鞘；苞片膜质，卵状三角形，淡白色；花开展，萼片与花瓣白色，具 5 脉。花期 5~6 月。

地理分布： 产于灵川、兴安、资源、龙胜等地。

生境特点： 附生于海拔 680~1240 m 的山地林中树干上。

资源现状： 种群分布区域较窄且零星，数量稀少。

濒危原因： 人为过度采集利用，生境丧失。

保护价值： 具药用价值和观赏价值。

保护措施： 就地保护与迁地保护相结合；加大普法宣传力度，提高公众的保护意识。

疏花石斛

Dendrobium henryi Schltr.

兰科 Orchidaceae 石斛属 *Dendrobium*

国家二级保护

形态特征： 茎斜立或下垂，长 30~80 cm，不分枝，具多节，干后黄色。叶纸质，2 列；叶片长圆形或长圆状披针形。总状花序具 1~2 朵花，从具叶的老茎中部发出；花苞片纸质，卵状三角形；花金黄色；中萼片卵状长圆形；侧萼片卵状披针形；萼囊宽圆锥形，末端圆形；花瓣稍斜宽卵形；唇瓣近圆形，两侧围抱蕊柱；唇盘凹，密布细乳突；药帽圆锥形。花期 6~9 月。

地理分布： 产于马山、上林、融水、罗城、环江、德保等地。

生境特点： 附生于山地林中树干上或山谷阴湿岩石上。

资源现状： 种群分布区域较广但零星，数量稀少。

濒危原因： 人为过度采集利用，生境丧失。

保护价值： 具药用价值和观赏价值。

保护措施： 就地保护与迁地保护相结合；加大普法宣传力度，提高公众的保护意识。

重唇石斛

Dendrobium hercoglossum Rchb. f.

国家二级保护

兰科 Orchidaceae 石斛属 *Dendrobium*

形态特征： 茎下垂，圆柱形，通常长 8~40 cm，节间长 1.5~2 cm。叶片薄革质，狭长圆形或长圆状披针形。总状花序常具 2~3 朵花，从老茎发出；花序轴有时稍回折状弯曲；花苞片小，卵状披针形；萼片和花瓣均呈淡粉红色；中萼片卵状长圆形；侧萼片稍斜卵状披针形；花瓣倒卵状长圆形；唇瓣白色，分前后唇，后唇半球形，前唇带淡粉红色；蕊柱白色；蕊柱齿三角形；药帽紫色，半球形。花期 5~6 月。

地理分布： 产于马山、融水、阳朔、永福、龙胜、平乐、东兴、桂平、凌云、西林、隆林、平桂、昭平、南丹、天峨、金秀等地。

生境特点： 附生于山地密林中树干上和山谷湿润岩石上。

资源现状： 种群分布区域较广但零星，数量稀少。

濒危原因： 人为过度采集利用，生境丧失。

保护价值： 具药用价值和观赏价值。

保护措施： 就地保护与迁地保护相结合；加大普法宣传力度，提高公众的保护意识。

小黄花石斛

Dendrobium jenkinsii Wall. ex Lindl.

兰科 Orchidaceae 石斛属 *Dendrobium*

国家二级保护

形态特征：茎短小，密集或丛生，两侧压扁状，纺锤形，具 4 条棱及 2~3 个节，被白色膜质鞘。叶顶生；叶片革质，长圆形，长 1~3 cm，先端 2 钝裂，边缘波状，基部收狭。花葶自茎上端抽出；总状花序着生 1~3 朵花。花黄色，开展，薄纸质；花瓣与萼片相似，近等大，先端圆钝；唇瓣近肾形，上面密被短绒毛，不裂。花期 5~6 月。

地理分布：产于凌云。

生境特点：附生于海拔 700~1300 m 的疏林中树干上。

资源现状：种群分布区域狭窄，数量极少。

濒危原因：生境丧失。

保护价值：具药用价值和观赏价值。

保护措施：就地保护与迁地保护相结合；加大普法宣传力度，提高公众的保护意识。

广东石斛 白花铜皮石斛

Dendrobium kwangtungense Tso

国家二级保护

兰科 Orchidaceae 石斛属 *Dendrobium*

形态特征： 茎直立或斜立，细圆柱形，直径 4~5 mm。叶革质，互生于茎的上部；叶片狭长圆形，先端钝并稍不等侧 2 裂。总状花序生于上一年落叶的茎上部，具 1~2 朵花；花序梗长 3~6 mm；花苞片白色，在中部或近先端处具栗色斑痕；花大，乳白色，有时带淡红色，开展，直径 5~8 cm；萼片近长圆状披针形，先端渐尖；花瓣近椭圆形，先端锐尖；唇瓣卵状披针形，比萼片稍短但宽得多，先端急尖；唇盘中央具 1 个黄绿色斑块，并密布短毛。花期 5 月。

地理分布： 产于兴安、金秀、恭城等地。

生境特点： 附生于海拔 1000~1300 m 的山地阔叶林中树干上或林下岩石上。

资源现状： 种群分布区域狭窄且零星，数量稀少。

濒危原因： 人为过度采集利用，生境丧失。

保护价值： 具药用价值和观赏价值。

保护措施： 就地保护与迁地保护相结合；加大普法宣传力度，提高公众的保护意识。

矩唇石斛 樱石斛

Dendrobium linawianum Rchb. f.

国家二级保护

兰科 Orchidaceae 石斛属 *Dendrobium*

形态特征： 茎直立，粗壮，圆柱形，稍扁，不分枝，下部收狭，具数个节；节间具多数纵槽。叶片革质，长圆形，先端具不等侧2裂，基部扩大为抱茎的鞘。总状花序从落了叶的老茎上部发出，具2~4朵花；花苞片卵形；花白色，有时上部紫红色，开展；中萼片长圆形，先端具5条脉；侧萼片多少斜长圆形，与中萼片等大，先端稍钝，基部歪斜，具5条脉；萼囊狭圆锥形；花瓣椭圆形，比萼片宽；唇瓣白色，宽长圆形，前部浅红色反折，基部收狭为短爪，中部以下两侧围抱蕊柱，中后部两侧边缘具细齿；唇盘基部两侧各具1条紫红色斑带，上面密布短绒毛；药帽白色，无毛。花期4~5月。

地理分布： 产于金秀、靖西、上林、马山、武鸣等地。

生境特点： 附生于海拔400~1500 m的山地林中树干上。

资源现状： 种群分布区域较广但零星。

濒危原因： 人为过度采集利用，生境丧失。

保护价值： 具药用价值和观赏价值。

保护措施： 就地保护与迁地保护相结合；加大普法宣传力度，提高公众的保护意识。

聚石斛

Dendrobium lindleyi Steud.

国家二级保护

兰科 Orchidaceae 石斛属 *Dendrobium*

形态特征：茎为假鳞茎状，密集或丛生，纺锤形或卵状长圆形，长 1~5 cm，顶生 1 片叶，具 4 条棱及 2~5 个节，节间长 1~2 cm，被白色膜质鞘。叶片革质，长圆形。总状花序从茎上端发出，长达27 cm，疏生数朵至 10 多朵花；花苞片小，狭卵状三角形；花橘黄色；中萼片卵状披针形；侧萼片与中萼片近等大；萼囊近球形；花瓣宽椭圆形；唇瓣扁椭圆形或近肾形；蕊柱短粗；药帽半球形。花期4~5 月。

地理分布：产于博白、德保、靖西、那坡、田林、西林、隆林、龙州等地。

生境特点：附生于阳光充裕的疏林树干上。

资源现状：种群分布区域较广但零星。

濒危原因：人为过度采集利用，生境丧失。

保护价值：具药用价值和观赏价值。

保护措施：就地保护与迁地保护相结合；加大普法宣传力度，提高公众的保护意识。

美花石斛

Dendrobium loddigesii Rolfe

国家二级保护

兰科 Orchidaceae 石斛属 *Dendrobium*

形态特征： 茎柔弱，常下垂，长 10~45 cm。叶纸质，2 列，互生于整条茎上；叶片长圆状披针形或稍斜长圆形。花白色或紫红色，每束 1~2 朵侧生于具叶的老茎上部；花苞片膜质，卵形；中萼片卵状长圆形；侧萼片披针形，先端急尖；萼囊近球形；花瓣粉红色或紫红色，椭圆形，与中萼片等长；唇瓣近圆形，上面中央金黄色，周边淡紫红色；蕊柱白色，正面两侧具红色条纹；药帽白色。花期 4~5 月。

地理分布： 产于融水、永福、上思、靖西、那坡、凌云、乐业、隆林、东兰、环江、龙州等地。

生境特点： 附生于山地林中树干上或林下岩石上。

资源现状： 种群分布区域较广，规模较大，数量较多。

濒危原因： 人为过度采集利用，生境丧失。

保护价值： 具药用价值和观赏价值。

保护措施： 就地保护与迁地保护相结合；加大普法宣传力度，提高公众的保护意识。

罗河石斛

Dendrobium lohohense Tang & Wang

国家二级保护

兰科 Orchidaceae 石斛属 *Dendrobium*

形态特征：茎质地稍硬，长达 80 cm，上部节上常生根并分出新枝。叶薄革质，2 列；叶片长圆形。总状花序减退为单朵花，侧生于具叶的茎端或叶腋；无花序梗；花苞片蜡质，阔卵形；花蜡黄色；中萼片卵圆形；唇瓣不裂，倒卵形，前端边缘具不整齐的细齿；药帽近半球形。蒴果椭球形。花期 6 月。

地理分布：产于永福、容县、德保、靖西、那坡、凌云、乐业、环江等地。

生境特点：附生于海拔 900~1500 m 的山谷或林缘的岩石上。

资源现状：种群分布区域较广但零星，数量稀少。

濒危原因：人为过度采集利用，生境丧失。

保护价值：具药用价值和观赏价值。

保护措施：就地保护与迁地保护相结合；加大普法宣传力度，提高公众的保护意识。

长距石斛

Dendrobium longicornu Lindl.

兰科 Orchidaceae　石斛属 *Dendrobium*

国家二级保护

形态特征：茎丛生，圆柱形，长 7~35 cm，直径 2~4 mm，不分枝，具多个节，节间长 2~4 cm。叶片薄革质，狭披针形，先端不等侧 2 裂，基部下延为抱茎的鞘，两面和叶鞘均被黑褐色粗毛。总状花序从具叶的近茎端发出，具 1~3 朵花；花序梗基部被 3~4 枚长 2~5 mm 的鞘；花苞片卵状披针形，背面被黑褐色毛；花梗和子房近圆柱形，长 2.5~3.5 cm；花开展，除唇盘中央橘黄色外，其余为白色；中萼片卵形；侧萼片斜卵状三角形，近蕊柱一侧等长于中萼片；萼囊狭长，劲直，呈角状的距，稍短于花梗和子房；花瓣长圆形或披针形，具 5 条脉，边缘具不整齐的细齿；唇瓣近倒卵形或菱形，前端近 3 裂；侧裂片近倒卵形；中裂片先端浅 2 裂，边缘具波状皱褶和不整齐的齿，有时呈流苏状；唇盘沿脉纹密被短而肥的流苏，中央具 3~4 条纵贯的龙骨脊；药帽近扁圆锥形，前端边缘密生髯毛，顶端近截形。花期 9~11 月。

地理分布：产于上思、那坡等地。

生境特点：附生于海拔 1200 m 的山地林中树干上。

资源现状：种群分布区域狭窄且零星，数量稀少。

濒危原因：人为过度采集利用，生境丧失。

保护价值：具药用价值和观赏价值。

保护措施：就地保护与迁地保护相结合；加大普法宣传力度，提高公众的保护意识。

厚唇兰

Dendrobium mariae Schuit. & P. B. Adams

兰科 Orchidaceae 石斛属 *Dendrobium*

国家二级保护

形态特征：根状茎匍匐，直径 2~3 mm，每相距 1.5 cm 生 1 条假鳞茎。假鳞茎斜立，一侧略鼓胀，中部以下贴伏于根状茎上，近卵形，长 1.5 cm，直径 0.5~0.8 cm，顶生 1 片叶。叶片倒卵形，长 2.5~4.7 cm，宽 0.9~1.3 cm，先端凹入，基部收狭成柄。花序生于假鳞茎顶端，具 1 朵花；花紫褐色；花苞片卵形，中萼片卵形；侧萼片斜卵状披针形，基部贴于蕊柱足上形成明显的长约 5 mm 的萼囊；花瓣卵状披针形，比侧萼片小；唇瓣呈小提琴状，长 20 mm，后唇两侧直立，前唇伸展，圆形，先端浅凹，边缘略波状，比后唇宽，唇盘具 2 条纵向的龙骨脊，末端终止于前唇基部并增粗；蕊柱长 5 mm。花期 10~11 月。

地理分布：产于靖西、那坡、宁明、上思、防城等地。

生境特点：附生于疏林树干上。

资源现状：种群分布零星，数量较少。

濒危原因：生境受人为干扰，人为过度采集利用。

保护价值：具药用价值和观赏价值。

保护措施：就地保护与迁地保护相结合；加大普法宣传力度，提高公众的保护意识。

［注］以广西十万大山地区采集的标本为模式发表的广西厚唇兰（*Epigeneium tsangianum*）、拟色厚唇兰（*E. mimicum*），应该是对标本观察有误，现均被并入厚唇兰。

细茎石斛 铜皮石斛

Dendrobium moniliforme (L.) Sw.

国家二级保护

兰科 Orchidaceae 石斛属 *Dendrobium*

形态特征： 茎直立，细圆柱形，通常长 10~20 cm 或更长，直径 3~5 mm；节间长 2~4 cm。叶数片，2 列，常互生于茎的中部以上；叶片披针形或长圆形，长 3~4.5 cm，宽 5~10 mm，先端不等侧 2 裂或急尖而钩转，基部下延为抱茎的鞘；总状花序 2 个至数个，侧生于茎的上部，具 1~3 朵花；花黄绿色、白色或白色带淡紫红色，有时芳香；唇瓣白色、淡黄绿色或绿白色，带淡褐色或紫红色至浅黄色斑块，基部楔形，3 裂。花期 3~5 月。

地理分布： 产于融水、临桂、灵川、全州、永福、龙胜、资源、平乐、隆林、天峨、环江、金秀等地。

生境特点： 附生于海拔 590~2100 m 的阔叶林中树干上或山谷岩壁上。

资源现状： 种群分布区域较广但零星。

濒危原因： 人为过度采集利用，生境丧失。

保护价值： 具药用植物和观赏价值。

保护措施： 就地保护与迁地保护相结合；加大普法宣传力度，提高公众的保护意识。

藏南石斛

Dendrobium monticola P. F. Hunt & Summerh.

国家二级保护

兰科 Orchidaceae 石斛属 *Dendrobium*

形态特征：茎肉质，直立或斜立，长约 10 cm，从基部向上逐渐变细，当年生的茎被叶鞘所包；节间长约 1 cm。叶 2 列，互生于茎上；叶片狭长圆形，先端锐尖并不等侧微 2 裂，基部扩大为偏鼓胀的鞘；叶鞘抱茎，鞘口斜截。总状花序常 1~4 个，顶生或从当年生具叶的茎上部发出，具数朵小花；花苞片狭卵形；花梗连同子房长约 5 mm；花开展，白色；中萼片狭长圆形；侧萼片镰状披针形；萼囊短圆锥形；花瓣狭长圆形，具 1~3 条脉；唇瓣近椭圆形，中部稍缢缩，中部以上 3 裂，基部具短爪；侧裂片边缘梳状，具紫红色的脉纹；中裂片反折，边缘呈鸡冠状皱褶；唇盘除唇瓣先端白色外，其余具紫红色条纹，中央具 2~3 个褶片连成一体的脊突；合蕊柱中部较粗，上端无明显的蕊柱齿；蕊柱足具紫红色斑点，边缘密被细乳突；药帽半球形，前端边缘具微齿。花期 7~8 月。

地理分布：产于靖西、那坡、田林等地。

生境特点：附生于疏林中的树干上或岩石上。

资源现状：种群分布区域狭窄且零星，数量稀少。

濒危原因：人为过度采集利用，生境丧失。

保护价值：具药用价值和观赏价值。

保护措施：就地保护与迁地保护相结合；加大普法宣传力度，提高公众的保护意识。

石斛 金钗石斛

Dendrobium nobile Lindl.

国家二级保护

兰科 Orchidaceae 石斛属 *Dendrobium*

形态特征： 茎直立，肉质状粗壮，基部收狭，向上变粗而稍扁，上部常多少回折状弯曲。叶片革质，先端钝且不等侧 2 裂。总状花序长 2~5 cm，具 1~4 朵花；花大，白色带淡紫红色先端，有时全体淡紫红色；中萼片与侧萼片相似，长 3~3.5 cm，先端钝；花瓣比萼片大，稍斜宽卵形，先端钝；唇瓣近倒卵形，比花瓣大，基部两侧具紫红色条纹，中央具 1 个大的紫红色斑块，两面密布短绒毛。花期 4~5 月。

地理分布： 产于兴安、平南、右江、靖西、那坡、乐业、田林、凤山、金秀等地。

生境特点： 附生于山地疏林中的树干上。

资源现状： 种群分布区域较广但零星，数量稀少。

濒危原因： 人为过度采集利用，生境丧失。

保护价值： 具药用价值和观赏价值。

保护措施： 就地保护与迁地保护相结合；加大普法宣传力度，提高公众的保护意识。

铁皮石斛 黑节草

Dendrobium officinale Kimura & Migo

兰科 Orchidaceae 石斛属 *Dendrobium*

国家二级保护

形态特征： 茎直立，圆柱形，长9~35 cm，直径2~4 mm，不分枝，常在中部以上互生3~5片叶；节间长1.3~1.7 cm。叶2列；叶片长圆状披针形，先端钝并多少钩转，基部下延为抱茎的鞘，边缘和中肋常带淡紫色；叶鞘常具紫斑，老时其上缘与茎松离而张开，并在节上留下1个环状铁青色的间隙。总状花序常从落叶后的老茎上部发出，具2~3朵花；花序梗基部具2~3枚短鞘；花序轴回折状弯曲；花苞片浅白色，卵形；花梗连同子房长2~2.5 cm；萼片和花瓣均呈黄绿色；中萼片长圆状披针形；侧萼片基部较宽阔，萼囊圆锥形，末端圆形；唇瓣白色，基部具1个绿色或黄色的胼胝体，在中部反折，中部以下两侧具紫红色条纹；唇盘密布细乳突状毛，并在中部以上具1个紫红色斑块；蕊柱黄绿色，顶端两侧各具1个紫斑点；蕊柱具黄绿色带紫红色条纹，疏生毛；药帽白色。花期3~6月。

地理分布： 产于宾阳、兴安、永福、平乐、西林、隆林、南丹、东兰、环江、巴马、宜州、融安、兴宾等地。

生境特点： 附生于山地半阴湿的岩石上。

资源现状： 种群分布区域较广但零星，数量极稀少。

濒危原因： 人为过度采集利用，生境丧失。

保护价值： 传统名贵药用植物。

保护措施： 加强就地保护；加大普法宣传力度，提高公众的保护意识。

紫瓣石斛 麝香石斛

Dendrobium parishii Rchb. f.

国家二级保护

兰科 Orchidaceae 石斛属 *Dendrobium*

形态特征：茎斜立或下垂，粗壮，圆柱形，通常长 10~30 cm 或更长，直径 1~1.3 cm，上部多少弯曲，不分枝；节间长达 4 cm。叶片革质，狭长圆形，先端钝且不等侧 2 裂，基部被白色膜质鞘。总状花序出自落了叶的老茎上部，具 1~3 朵花；花序梗基部被 3~4 枚套叠的短鞘；花梗连同子房长 4~5 cm；花开展，紫色；中萼片倒卵状披针形；侧萼片卵状披针形，与中萼片等长而稍狭；萼囊狭圆锥形；花瓣宽椭圆形，比萼片稍短而宽，边缘具睫毛或细齿；唇瓣菱状圆形，中部以下两侧围抱蕊柱，基部具短爪，两面密布绒毛，边缘密生睫毛；唇盘两侧各具 1 个深紫色斑块；蕊柱白色；药帽紫色，圆锥形，表面被疣状突起，前端边缘具不整齐的细齿。花期 6 月。

地理分布：产于凭祥、龙州、大新、靖西、那坡、乐业等地。

生境特点：附生于树干上或岩石上。

资源现状：种群分布区域狭窄且零星，数量稀少。

濒危原因：人为过度采集利用，生境丧失。

保护价值：具药用价值和观赏价值。

保护措施：就地保护与迁地保护相结合；加大普法宣传力度，提高公众的保护意识。

单葶草石斛 单莛草石斛

Dendrobium porphyrochilum Lindl.

兰科 Orchidaceae 石斛属 *Dendrobium*

国家二级保护

形态特征： 茎肉质，直立，圆柱形或狭长的纺锤形，长 1.5~4 cm，直径 2~4 mm，基部稍收窄，中部以上向顶端逐渐变细，具数个节间，当年生的茎被叶鞘所包。叶 3~4 片，2 列互生；叶片狭长圆形，先端锐尖且不等侧 2 裂，基部收窄而后扩大为鞘；叶鞘偏鼓胀。总状花序单生于茎顶，远高出叶外，长达 8 cm，弯垂，具数朵至 10 余朵小花；花苞片狭披针形，等长于或长于带梗的子房；花梗连同子房长约 8 mm，细小；花开展，具香气，金黄色，或淡绿色带红色脉纹，具 3 条脉；中萼片狭卵状披针形，先端渐尖呈尾状；侧萼片狭披针形，与中萼片等长而稍宽；花瓣狭椭圆形；唇瓣暗紫褐色，近菱形或椭圆形，凹，不裂，先端近急尖，全缘；唇盘中央具 3 条增厚的纵脊；蕊柱白色带紫色；药帽半球形，表面光滑。花期 6 月。

地理分布： 产于那坡。

生境特点： 附生于疏林下岩石上。

资源现状： 种群分布区域狭窄且零星，数量稀少。

濒危原因： 人为过度采集利用，生境丧失。

保护价值： 具药用价值和观赏价值。

保护措施： 就地保护与迁地保护相结合；加大普法宣传力度，提高公众的保护意识。

滇桂石斛 广西石斛

Dendrobium scoriarum W. W. Smith

国家二级保护

兰科 Orchidaceae 石斛属 *Dendrobium*

形态特征：茎圆柱形，近直立，长 15~60 cm，直径约 4 mm，不分枝；节间长 2~2.5 cm。叶 2 列，互生于茎的上部；叶片近革质，长圆状披针形，先端钝且稍不等侧 2 裂，基部收狭且扩大为抱茎的鞘。总状花序出自落了叶或带叶的老茎上部，具 1~3 朵花；花序梗长 3~5 mm，基部被 2 枚膜质鞘包围；花苞片浅白色，卵形；花梗连同子房长 2~2.5 cm；花开展；萼片乳白色；中萼片卵状长圆形；侧萼片斜卵状三角形，与中萼片等长；萼囊白色稍带黄绿色，圆锥形；花瓣与萼片同色，近卵状长圆形，先端钝，具 3~5 条脉；唇瓣白色或淡黄色，宽卵形，基部稍楔形；唇盘在中部前方具 1 个大的紫红色斑块并密布绒毛，其后方具 1 个马鞍形的黄色胼胝体；蕊柱足上半部生有许多顶端紫色的毛，中部具 1 个紫色斑块，末端紫红色，与唇瓣连接的关节强烈增厚；药帽紫红色，顶端 2 深裂，裂片尖齿状。花期 4~5 月。

地理分布：产于靖西、那坡等地。

生境特点：附生于石灰岩石山的岩石上或树干上。

资源现状：种群分布区域狭窄且零星，数量稀少。

濒危原因：人为过度采集利用，生境丧失。

保护价值：具药用价值和观赏价值。

保护措施：就地保护与迁地保护相结合；加大普法宣传力度，提高公众的保护意识。

始兴石斛

Dendrobium shixingense Z. L. Chen, S. J. Zeng & J. Duan

兰科 Orchidaceae 石斛属 *Dendrobium*

国家二级保护

形态特征： 茎斜立或下垂，圆柱形，通常长 10~30 cm 或更长，直径 3~5 mm，不分枝；节间长达 4 cm。叶 3~5 片，常互生于茎中部以上；叶片暗绿色，具紫色斑点，基部下延为抱茎的鞘；叶鞘具紫斑。总状花序出自带叶的茎上或落叶后的老茎上，具 2~7 朵花；花序轴回折状弯曲，长 2~3 cm；萼片和花瓣同为白色，带淡紫红色；唇瓣上面中央前方具 1 个大的紫红色斑块，其后方具 1 个淡紫红色马鞍形的胼胝体；药帽近椭圆形，紫红色，顶端 2 深裂。花期 5~6 月。

地理分布： 产于环江及桂东北地区。

生境特点： 附生于海拔 400~600 m 的密林中树上或石上。

资源现状： 种群分布零星，数量稀少。

濒危原因： 人为过度采集利用，生境丧失。

保护价值： 具药用价值和观赏价值。

保护措施： 就地保护与迁地保护相结合；加大普法宣传力度，提高公众的保护意识。

剑叶石斛

Dendrobium spatella H. G. Reichenbach

国家二级保护

兰科 Orchidaceae 石斛属 *Dendrobium*

形态特征： 茎丛生，直立，质地坚硬，扁三棱柱形，长达 60 cm，直径约 4 cm，向上逐渐变细，成鞭状，不分枝。叶 2 列，斜立；叶片肉质，两侧压扁呈短剑状或匕首状，长 2.5~4 cm，宽约 5 mm，先端急尖，基部扩大为抱茎的鞘而疏松地彼此套叠，向上叶逐渐退化成鞘状。花小，开展，直径约 1 cm，白色，侧生于落叶后的茎上，每节具 1~2 朵花；中萼片近卵形，先端钝；侧萼片斜卵状三角形，先端急尖，基部斜歪；萼囊狭窄，长 5~7 mm；花瓣长圆形，与中萼片等长，但较狭，先端圆钝；唇瓣微带红色，近匙形，先端圆形，前端边缘具细钝的齿，中央具 3~5 条纵向的脊突。花期 3~9 月。

地理分布： 产于防城、上思、靖西、那坡、龙州、大新、凭祥等地。

生境特点： 附生于林缘或疏林树干上。

资源现状： 种群分布区域较广，但种群规模小，数量稀少。

濒危原因： 人为过度采集利用，生境丧失。

保护价值： 具药用价值和观赏价值。

保护措施： 就地保护与迁地保护相结合；加大普法宣传力度，提高公众的保护意识。

三脊金石斛 绿脊金石斛

Dendrobium tricarinatum Schuit. & P. B. Adams

国家二级保护

兰科 Orchidaceae 石斛属 *Dendrobium*

形态特征： 根状茎匍匐，每相距 7 个节间发出 1 条茎。茎下垂或斜出，长达 27 cm，常分枝；第一级分枝之下的茎长 6~10 cm，具 3~5 个节间。假鳞茎纺锤形，稍扁，长 4.5~6.5 cm，直径 8~15 mm，具 1 个节间，顶生 1 片叶。叶片革质，狭卵状披针形，长 11.5~12 cm，宽 2.5 cm，先端渐尖且微凹。花序出自叶腋和叶基部的远轴面一侧，通常具 1 朵花；花淡黄色，质地薄，仅开放半天，随后凋谢；中萼片在中部以上多少反折，卵状长圆形；侧萼片斜卵状三角形，与中萼片等长；萼囊宽钝，与子房相交成钝角或直角；花瓣斜立，长圆形，长 10 mm，宽 3.2 mm，先端锐尖；唇瓣整体轮廓倒卵形，长 12 mm，3 裂；侧裂片（后唇）近直立，卵状三角形，长 5 mm，宽约 4 mm，先端圆形，摊平后两侧裂片先端之间宽 12 mm；中裂片（前唇）长约 4 mm，基部楔形，其两侧边缘波状，上面具小疣状突起，前部扩大呈 "V" 形 2 裂，其裂片近狭倒卵形；唇盘从后唇至前唇纵贯 2~3 条褶脊；褶脊在后唇上面平直，在前唇上面呈小鸡冠状或皱波状，褶脊上缘为淡黄绿色。花期 6 月。

地理分布： 产于那坡、靖西、龙州、宁明、凭祥等地。

生境特点： 附生于疏林树干上或岩石上。

资源现状： 种群分布零星，数量稀少。

濒危原因： 生境遭人为干扰，被过度采集利用。

保护价值： 具药用价值和观赏价值。

保护措施： 就地保护与迁地保护相结合；加大普法宣传力度，提高公众的保护意识。

黑毛石斛

Dendrobium williamsonii Day & Rchb. f.

兰科 Orchidaceae 石斛属 *Dendrobium*

国家二级保护

形态特征：茎通常圆柱形，有时中部稍增粗而成纺锤形，直径约 5 mm。叶数片，通常生于茎的上部；叶片狭长圆形，先端钝且不等侧 2 裂，背面及叶鞘均密布黑色粗毛。总状花序具 1~2 朵花；萼片和花瓣白色，相似，狭卵状长圆形，长 2.5~3.4 cm，先端渐尖；萼片的中肋在背面具短的狭翅，侧萼片基部较宽而斜歪；萼囊劲直，漏斗状，长 1.5~2 cm；唇瓣 3 裂，侧裂片围抱蕊柱，中裂片近圆形且前端边缘波状；唇盘橘红色，疏生粗短的流苏。花期 4~5 月。

地理分布：产于融水、罗城、凌云、隆林、东兰、那坡等地。

生境特点：附生于山地林中树干上。

资源现状：种群分布区域较广但零星，数量稀少。

濒危原因：人为过度采集利用，生境丧失。

保护价值：具药用价值和观赏价值。

保护措施：就地保护与迁地保护相结合；加大普法宣传力度，提高公众的保护意识。

西畴石斛

Dendrobium xichouense S. J. Cheng & C. Z. Tang

国家二级保护

兰科 Orchidaceae 石斛属 *Dendrobium*

形态特征：茎丛生，圆柱形，长 10~13 cm，直径约 4 mm，上下等粗，不分枝；节间长 1~2 cm，被叶鞘所包。叶片薄革质，长圆形或长圆状披针形，先端钝且不等侧 2 裂，基部具抱茎的鞘；叶鞘老后变灰白色。总状花序侧生于落了叶的老茎上部，具 1~2 朵花；花梗连同子房长约 6 mm，黄绿色；花不甚开展，白色稍带淡粉红色，有香气；中萼片近长圆形，先端急尖；侧萼片与中萼片近等大，基部斜歪；萼囊淡黄绿色，长筒状，长约 1 cm；花瓣倒卵状菱形，比中萼片稍短，宽约 4 mm；唇瓣近卵形，先端钝，基部具爪，中部以下两侧边缘向上卷曲；唇盘黄色且密布卷曲的淡黄色长柔毛，边缘流苏状。花期 7 月。

地理分布：产于那坡。

生境特点：附生于石灰岩山地的林中树干上。

资源现状：种群分布零星，数量稀少。

濒危原因：人为过度采集，生境丧失。

保护价值：具药用价值和观赏价值。

保护措施：就地保护与迁地保护相结合；加大普法宣传力度，提高公众的保护意识。

天麻 赤箭

Gastrodia elata Blume

国家二级保护

兰科 Orchidaceae 天麻属 *Gastrodia*

形态特征：腐生草本，高 30~100 cm 或更高。根状茎呈块茎状，长达 8~12 cm，直径 3~5（7）cm，具较密的节。总状花序顶生，长 5~30 cm，通常具数十朵花；花橙黄色、淡黄色、蓝绿色或黄白色，花被筒近斜卵状圆筒形，长约 1 mm，直径 5~7 mm，顶部具 5 裂片；唇瓣长 6~7 mm，3 裂，基部贴生于蕊柱足末端与花被筒内壁上；蕊柱长 5~7 mm。蒴果长 1.4~1.8 cm。花果期 5~7 月。

地理分布：产于融水、灵川、全州、兴安、龙胜、资源、乐业、隆林、罗城、环江、金秀等地。

生境特点：生于海拔 400~1800 m 的林下阴湿及腐殖质较厚的地方。

资源现状：种群分布区域较广但零星，数量稀少。

濒危原因：人为过度采挖利用，生境退化或丧失。

保护价值：传统名贵药用植物。

保护措施：就地保护与迁地保护相结合；加大普法宣传力度，提高公众的保护意识。

水禾 鱼瞟草、娜鱼草

Hygroryza aristata (Retz.) Nees

国家二级保护

禾本科 Poaceae 水禾属 *Hygroryza*

形态特征： 多年生水生漂浮草本。根状茎细弱，节上生长羽状不定根。秆露出水面 10~20 cm。叶鞘光滑无毛，肿胀，比节间长；叶舌甚短，膜质；叶片卵状披针形，长 3~8 cm，宽 0.8~2 cm，叶先端钝，表面有紫色斑块或斑点，下面平滑。圆锥花序长 4~8 cm；小穗披针形，长 7~8 mm，两侧压扁，含两性小花 1 朵，有长 1~16 mm 的柄状基盘；颖缺；内稃与外稃同质且等长，具 3 条脉，中脉被纤毛，先端有长 5~20 mm 的直芒；雄蕊 6 枚，花药黄色。花期秋季。

地理分布： 产于邕宁、龙州、宜州、都安等地。

生境特点： 生于池塘、湖沼和小溪流中。

资源现状： 种群分布区域较广，但在广西分布范围极为有限，种群数量少且有下降的趋势。

濒危原因： 生境丧失。

保护价值： 植株可作猪、鱼及牛的饲料；具观赏价值，也是研究湿地生态系统及其维持的重要材料。

保护措施： 加强就地保护，预防分布区水体污染；开展迁地保护。

药用稻 药用野稻、山鸡谷禾、神禾

Oryza officinalis Wall.

国家二级保护

禾本科 Poaceae 稻属 *Oryza*

形态特征： 多年生草本。秆直立或下部匍匐，高 1.5~3 m，具 8~15 个节，基部 2~3 个节上生发达的不定根。叶鞘长达 40 cm，无毛；叶舌膜质，长约 4 mm，无毛；叶耳不明显；叶片线状披针形，长 30~80 cm，宽 2~3 cm，先端长渐尖，边缘具锯齿，背面粗糙，腹面散生长柔毛，基部渐狭成柄并贴生微毛；中脉粗壮，侧脉不明显。圆锥花序长 30~50 cm，花序分枝长 10~15 cm，每 3~5 个着生于花序轴的各节；小穗长约 5 mm，黄绿色或带褐黑色；芒自外稃顶端伸出，长 5~10 mm，具细毛；内稃与外稃同质，内稃宽约为外稃宽的一半。颖果扁平，熟时红褐色。花果期 7~11 月。

地理分布： 产于梧州市、贺州市、来宾市、贵港市、玉林市和南宁市等地（根据相关规定，在公开报道本种分布地时只能描述到地市一级）。

生境特点： 生于丘陵山地和山坡中下部的冲积地和沟边。

资源现状： 种群分布零星，种群数量少且有明显下降的趋势。

濒危原因： 生境受人为干扰而退化甚至丧失。

保护价值： 是栽培稻的野生近缘种，可为水稻的遗传育种提供重要亲本材料。

保护措施： 加强就地保护，预防分布区水体污染；开展迁地保护，建立种质资源圃。

野生稻 学禾、鹤禾、野禾、鬼禾

Oryza rufipogon Griff.

国家二级保护

禾本科 Poaceae 稻属 *Oryza*

形态特征： 多年生水生草本，高可达 1.5 m，秆下部海绵质。叶鞘圆筒形，无毛；叶耳明显；叶舌发达，长达 17 mm；叶片线形，扁平，长达 40 cm，宽约 1 cm，边缘与中脉均粗糙。圆锥花序长约 20 cm，直立而后下垂，主轴及分枝均具粗糙棱角；小穗多数，基部具 2 枚微小半圆形的退化颖片；第一和第二外稃均退化成鳞片状，具 1 条脊状脉；孕性外稃长圆形，具 5 条脉，遍被糙毛，沿脊上部具较长纤毛；芒着生于外稃顶端并具一明显关节；内稃与外稃同质，具 3 条脉，被糙毛；柱头 2 裂，羽状。颖果长圆柱形。花果期 4~11 月。

地理分布： 广西各市范围内均发现有不同数量分布（根据相关规定，在公开报道本种分布地时只能描述到地市一级）。

生境特点： 多生于低洼、积水的浅水层沼泽地、池塘和溪流沿岸。

资源现状： 种群分布区域较广，但分布零星，数量少且有下降的趋势。

濒危原因： 生境受人为干扰而退化甚至丧失。

保护价值： 栽培稻的原始近缘种，遗传类型多样，可为水稻育种以及起源和演化等基础理论研究提供重要的遗传材料。

保护措施： 加强就地保护，预防分布区水体污染；开展迁地保护，建立种质资源圃。

参考文献

［1］曹哲明，姚一建.松口蘑复合种形态学及生物地理学研究［J］.菌物学报，2004，23（1）：43-55.

［2］陈亮，虞富莲，左志明.广西茶树种质资源考察研究初报［J］.广西农业科学，1996（2）：77-80.

［3］傅立国.中国植物红皮书：稀有濒危植物　第一册［M］.北京：科学出版社，1991.

［4］龚明寿，陆超丽，卢一科，等.昭平县野生茶树种质资源开发利用初探［J］.农业研究与应用，2021，34（4）：68-72.

［5］管开云，郭忠仁.正在消失的美丽：中国濒危动植物寻踪（植物卷）［M］.北京：北京出版集团公司、北京出版社，2019.

［6］广西壮族自治区中国科学院广西植物研究所.广西植物志：第1~6卷［M］.南宁：广西科学技术出版社，1991-2017.

［7］国家林业局、农业部.国家重点保护野生植物名录（第一批）：国家林业局、农业部令（第4号）［Z］.1999-08-04.

［8］国家林业和草原局、农业农村部.国家重点保护野生植物名录：国家林业和草原局、农业农村部公告（2021年第15号）［Z/OL］.(2021-09-08).http://www.forestry.gov.cn/main/5461/20210908/162515850572900.html.

［9］国家药典委员会.中华人民共和国药典（2020年版）［M］.北京：中国医药科技出版社，2020.

［10］韩利霞.金线兰属（Anoectochilus）（兰科）的系统分类研究［D］.上海：华东师范大学，2019.

［11］金效华，李剑武，叶德平.中国野生兰科植物原色图鉴：上、下卷［M］.郑州：河南科学技术出版社，2019.

［12］金效华，周志华，袁良琛，等.国家重点保护野生植物：第1~3册［M］.武汉：湖北科学技术出版社，2023.

［13］李朝昌，邓慧群，区胜基.广西昭平县野生突肋茶调查初报［J］.广西农学报，2019，34（5）：34-36.

［14］李冬波，徐宁，秦献泉，等.广西博白野生荔枝资源调查及果实性状评价［J］.中国热带农业，2020（6）：5-11.

［15］李玉媛.云南国家重点保护野生植物［M］.昆明：云南科技出版社，2005.

［16］李治中，彭帅，王青锋，等.中国海菜花属植物隐种多样性［J］.生物多样性，2023，31（2）：22394.

［17］林春蕊，许为斌，黄俞淞，等.广西恭城瑶族端午节药市药用植物资源［M］.南宁：广西科学技术出版社，2016.

［18］林春蕊，许为斌，刘演，等.广西靖西县端午药市常见药用植物［M］.南宁：广西科学技术出版社，2012.

［19］刘苇，陈兴，邓朝义，等.大厂茶研究进展及保护现状［J］.农业与技术，2021，41（4）：10-15.

［20］鲁兆莉，覃海宁，金效华，等.《国家重点保护野生植物名录》调整的必要性、原则和程序［J］.

生物多样性，2021，29（12）：1577-1582.

［21］潘建斌，杜维波，冯虎元．图说甘肃省国家重点保护植物（2021版）［M］．兰州：兰州大学出版社，2023.

［22］孙卫邦，杨静，刀志灵．云南省极小种群野生植物研究与保护［M］．北京：科学出版社，2019.

［23］田丰，黄永，刘杰恩，等．靖西海菜花分布现状及其保护管理对策［J］．湿地科学与管理，2014，10（2）：6-29.

［24］王瑞江．广东重点保护野生植物［M］．广州：广东科技出版社，2019.

［25］王智桢．福建省国家重点保护野生植物图鉴［M］．福州：福建科学技术出版社，2022.

［26］魏秉刚，谭德钦，凌妙丽，等．广西松口蘑初报［J］．中国食用菌，1985（6）：19-20.

［27］邢福武．中国的珍稀植物［M］．长沙：湖南教育出版社，2005.

［28］杨庆文．国家重点保护农业野生植物图鉴［M］．北京：中国农业出版社，2013.

［29］杨世雄，方伟，余香琴．广西茶组植物新记录：光萼厚轴茶［J］．广西林业科学，2021，50（5）：493-495.

［30］杨世雄．广西的茶树资源［J］．广西林业科学，2021，50（4）：414-416.

［31］印红．中国珍稀濒危植物图鉴［M］．北京：中国林业出版社，2013.

［32］臧穆．松茸群及其近缘种的分类地理研究［J］．真菌学报，1990，9（2）：113-127.

［33］于永福．中国野生植物保护工作的里程碑：《国家重点保护野生植物名录（第一批）》出台［J］．植物杂志，1999（5）：3.

［34］赵家荣，冯顺良，陈路，等．珍稀植物水禾的迁地保护［J］．武汉植物学研究，1998，16（1）：93-95.

［35］《中国高等植物彩色图鉴》编委会．中国高等植物彩色图鉴［M］．北京：科学出版社，2016.

［36］《中国植物志》编辑委员会．中国植物志［M］．北京：科学出版社，1959-2004.

［37］国务院．中华人民共和国野生植物保护条例［Z］．2017-10-07.

［38］钟业聪．我区发现野生荔枝林［J］．广西林业，1992（5）：23.

［39］周志华，金效华．中国野生植物保护管理的政策、法律制度分析和建议［J］．生物多样性，2021，29（12）：1583-1590.

［40］Chen Wen-Hong, Radbouchoom Sirilak, Nguyen Hieu Quang, et al. Seven new species of *Begonia* （Begoniaceae）in Northern Vietnam and Southern China［J］. PhytoKeys, 2018, 94（2）：65-85.

［41］Ji Yun-Heng. A Monograph of *Paris* （Melanthiaceae）［M］. Beijing: Science Press, 2021.

［42］Li Zhi-Zhong, Liao Kuo, Zou Chun-Yu, et al. *Ottelia guanyangensis* （Hydrocharitaceae）, a new species from southwestern China［J］. Phytotaxa, 2018, 361（3）：294-300.

［43］Li Zhi-Zhong, Wu Shuang, Zou Chun-Yu, et al. *Ottelia fengshanensis*, a new bisexual species of Ottelia （Hydrocharitaceae）from southwestern China［J］. PhytoKeys, 2019, 135: 1-10.

［44］Peng Ching-I, Ku Shin-Ming, Kono Yoshiko, et al. Two new species of *Begonia* （sect. Coelocentrum, Begoniaceae）from Limestone Areas in Guangxi, China: *B. arachnoidea* and *B. subcoriacea*［J］. Botanical Studies, 2008, 49（4）：405-418.

［45］Peng Ching-I, Yang Hsun-An, Kono Yoshiko, et al. Novelties in *Begonia* sect. Coelocentrum: *B. longgangensis* and *B. ferox* from limestone areas in Guangxi, China［J］. Botanical Studies, 2013（54）：44.

［46］Ramalingam，Kottaimuthu. *Diospyros minutisepala* Kottaim., a new name for extant *D.microcalyx* D.X. Nong，Y. D. Peng & L.Y. Yu（Ebenaceae）［J］. Annales Botanici Fennici，2019，56（1-3）：33-34.

［47］Wang Yi-Heng，Sun Jia-Hui，Wang Jing-Yi，et al. *Coptis huanjiangensis*，a new species of Ranunculaceae from Guangxi，China［J］. PhytoKeys，2022，213: 131-141.

［48］Wu Zheng-Yi，Peter H. Raven，Hong De-Yuan. Flora of China［M］. Beijing: Science Press & St. Louis: Missouri Botanical Garden Press，1994-2013.

［49］Zhang Miao，Zhang Xiao-Hui，Ge Chang-Li，et al. *Terniopsis yongtaiensis*（Podostemaceae），a new species from south east China based on morphological and genomic data［J］. PhytoKeys，2022，194（2）：105-122.

中文名索引

（按拼音字母排列）

学名索引